김치유산균

현대의학으로 증명된 **김치유산균**

초판 1쇄 인쇄 2016년 11월 08일
　　1쇄 발행 2016년 11월 16일

지은이　　신현재
발행인　　이용길
발행처　　**모아북스**
　　　　　　MOABOOKS

관리　　　박성호
디자인　　이룸

출판등록번호　　제 10-1857호
등록일자　　　　1999. 11. 15
등록된 곳　　　　경기도 고양시 일산동구 호수로(백석동) 358-25 동문타워 2차 519호
대표 전화　　　　0505-627-9784
팩스　　　　　　031-902-5236
홈페이지　　　　www.moabooks.com
이메일　　　　　moabooks@hanmail.net
ISBN　　　　　　979-11-5849-038-6　　　03570

모아북스　는 독자 여러분의 다양한 원고를 기다리고 있습니다.
MOABOOKS
(보내실 곳 : moabooks@hanmail.net)

현대 의학으로 증명된

김치유산균

신현재 지음

모아북스
MOABOOKS

유산균이 내 몸을 지킨다

과로와 스트레스, 잦은 음주와 야식문화, 지나친 육류와 가공음식 섭취, 그리고 우리 생활을 점령한 수많은 종류의 유해물질과 항생물질... 지금 한국인의 건강은 전방위적 위기에 처해 있다 해도 과언이 아닙니다.

먹을 것이 없던 시대를 지나 이제는 과열량 및 과영양 시대에 돌입했고 질병을 발견하고 치료하는 기술도 예전보다 발달했으며 의료의 혜택 및 환경적 영향으로 인해 전 국민의 평균수명과 기대수명도 한 세대 전보다 길어진 것은 사실입니다. 그러나 정작 인간의 건강에 있어서 가장 중요한 것이 무엇인지를 우리는 잊어버린 채 살아가고 있는 것인지도 모릅니다. 그것은 바로 사람의 몸이 본래 가지고 있는 치유력과 방어력, 흔히 면역력이라고 일컫는 것들입니다. 감기에 걸렸을 때처럼 외부의 적이 몸에 침투했을 때 몸이 가진 면역력으로 재빨리 회복될 수 있는 힘, 되도록 약에 의존하지 않는 습관, 음식을 섭취하고 소화하고 배설하는 가장 기본적인 기능에 있어서 아무런 불편함이나 비정상적인 증상 없이 편안함을 느끼는 것이야말로 우리 몸의 본연의 능력일 것입니다.

그러나 요즘 한국인의 일상생활을 살펴보면 인체가 가진 자연 그대로의 능력이 제대로 발휘되고 있는 것으로 보기가 어렵습니다. 암 발병률이 전 세계에서 가장 높은 것 때문만이 아니라, 식생활이 불규칙하거나 균형이 잡혀 있지 않고, 소화불량이나 변비를 달고 살며, 스트레스성 위장질환이나 과민성대장증후군에 시달리는 사람들을 너무나도 흔히 볼 수 있는 것입니다. 아직 어린 10대부터 청년, 장년, 노년층에 이르기까지 생활 속에서 위장과 관련된 크고 작은 질환을 습관처럼 겪고 있다는 것은 문제가 아닐 수 없습니다.

면역력이 떨어지고, 위와 장의 기능에 문제가 있다는 것은 인간의 몸속에 서식하는 미생물의 활동과 비율에 문제가 생겼음을 의미합니다. 사람은 체내에 있는 다양한 미생물의 활동에 의해 소화와 흡수, 배설을 하고 독소를 배출합니다. 이러한 기능이 제대로 이루어지기 위해서는 몸속에 있는 유익한 미생물의 숫자와 활동력이 정상적으로 유지가 되어야 합니다. 면역력이 정상적이라는 것은 인간이 살아가는 데 필요한 기초적인 기능, 즉 먹고 소화하고 배변하는 데 있어 문제가 없으며, 질병에 걸리더라도 몸이 가지고 있는 저항력과 회복력에 의해 스스로 질병을 극복한다는 뜻입니다.

이제는 어떤 유산균을 섭취하느냐가 건강의 관건이다

사람의 몸은 수많은 다양한 미생물들의 숙주라고 할 수 있습니다. 사람과 미생물은 공생하며 서로를 돕는 관계에 있습니다. 그런데 체내에서 유익균이 줄어들고 유해균은 필요 이상으로 증가할 때 제일 먼저 소화, 흡수, 배설 활동에 문제가 생기며, 독소를 제대로 배출하지 못하고, 외부의 적과 제대로 싸우지 못합니다. 그 결과 면역력이 떨어지고 질병에 취약해진 몸이 되어가는 것입니다.

이와 같은 체내 미생물, 그중에서도 유익한 세균의 비율과 숫자와 활동이 정상적으로 이루어지도록 도와주는 역할을 하는 것이 바로 유산균입니다. 사실 유산균이 몸에 좋다는 것을 모르는 사람은 이제 거의 없을 것입니다. 배변기능을 도와 장을 건강하게 해주는 유산균의 효능은 요즘에는 상식처럼 여겨지고 있습니다. 장수하는 사람들이 많은 외국의 특정 지역에서 오랜 세월에 걸쳐 전통 발효 요구르트를 섭취해 왔으며 그 요구르트 속에 든 유산균이 건강, 장수에 직접적으로 영향을 끼쳤다는 사실도 많은 사람들이 알게 되었습니다.

유산균과 현대인의 건강은 떼려야 뗄 수 없는 관계에 있습니다. 그러나 유산균이 건강에 이롭다는 것은 너무도 당연한 상식이어서 굳이 거론할 필요조차 없는 것으로 치부되기도 합니다. 요즘 과학자들과 건강 전문가들의 관심은 '어떤' 유산균을 '어떻게' 섭취하느냐에 집중되고 있습니다. 사람의 몸속에서 얼마나 오래 생존하는지, 위산에도 죽지 않고 장까지 살아서 가는지, 장 내에서 유산균으로서의 활동을 제대로 하는지, 그 사람의 몸에 맞는 유산균인지 등등을 꼼꼼하게 따져보는 것입니다.

지구상의 여러 문화권에서는 요구르트 말고도 다양한 발효음식이 있지만, 그 많은 음식 중에서도 상대적으로 조명을 많이 받지 못했던, 그러나 최근 전 세계 의학계와 건강산업 분야에서 주목을 받고 있는 음식이 한국의 김치입니다. 한때 김치는 외국인들에게 거부감을 주어 냄새나 맛 등으로 인해 제대로 평가받지 못한 측면이 있었지만, 요즘에는 상황이 달라졌습니다. 한국의 김치에만 들어있는 김치유산균의 효능에 대한 연구가 본격적으로 진행되면서 다른 발효음식 속의 유산균을 능가하는 풍부하고도 다양한 효능이 비로소 조명을 받기 시작한 것입니다. 김치는 미국 건강잡지 〈헬스 매거진〉에서 세계 5대 건강식품으로 꼽히며 더더욱 존재감을 알리게 되었습니다.

차세대 유산균으로 자리매김하게 될 김치유산균에 주목해야 한다

김치는 급속히 서구화된 식습관과 과도한 육류 및 인스턴트식품, 그리고 환경적이고 생활적인 문제로 인해 균형이 망가진 지금의 한국인에게 매우 근본적인 대안이 되는 음식입니다. 김치유산균의 효능은 말할 것도 없고, 한국인에게 많이 부족해진 섬유소, 비타민, 미네랄의 보고이자, 천연 항생 및 알칼리성 음식이기도 합니다.

그런 점에서 김치유산균은 학문과 산업의 모든 분야에서 뜨거운 관심을 받고 있습니다. 과학자 및 연구자들은 이제까지 제대로 알려지지 않았던 김치유산균의 새로운 종류와 효능에 대해 지속적으로 밝혀내고 있고, 식품산업 분야에서는 김치유산균의 효능을 제대로 살려 섭취할 수 있는 새롭고 창의적인 건강기능제품이나 식재료를 개발하여 선보이고 있습니다.

이 책에서는 이러한 김치유산균의 효능과 학계에서 주목받는 근거와 이유, 앞으로의 더 많은 가능성에 이르기까지 김치유산균의 모든 것을 포인트 별로 짚어 누구나 쉽고 재미있게 이해할 수 있도록 안내하고자 합니다.

이제 21세기의 전 세계인은 유산균이 몸에 좋다는 기본적인 상식을 넘어서서 양질의 유산균, 내 몸에 맞는 유산균, 유산균의 역할을 제대로 할 수 있는 유산균을 찾고 있습니다. 그렇기에 김치유산균의 앞날은 더더욱 밝습니다. 한국인의 영혼과 전통과 역사가 서린 자랑스러운 음식인 김치, 그리고 김치 속의 김치유산균은 머지않아 글로벌한 사랑을 받는 토종 유산균으로 자리매김하게 될 것입니다.

2장 김치유산균의 비밀은 무엇인가?

3장 현대의학이 증명한 김치유산균의 기적

4장 약보다 김치유산균을 섭취해야 하는 이유

5장 김치유산균으로 건강을 되찾은 사람들

6장 김치유산균, 무엇이든 물어보세요!

당신의 장을 점령한 세균은 무엇일까요?

평소에 몸이 가뿐하고 활력이 넘치나요, 아니면 늘 몸이 무겁고 속이 불편하며 피곤한가요? 평소 스스로 느끼는 몸의 컨디션이 당신의 장의 건강 상태를 말해주는 지표입니다. 장의 건강이란 장내 세균, 즉 유익한 균과 유해한 균이 적정 비율을 유지하고 있는지 여부에 달려 있습니다. 인간은 태어난 직후에는 무균 상태의 장을 가지고 있지만, 며칠 만에 유해균과 유익균이 세력을 형성하게 됩니다.

그리고 성인이 된 후에는 사람마다 조금씩 다른 장내 세균 비율을 갖게 되는데 이 비율이 어떻게 유지되고 있느냐에 따라 건강한 몸인지 질병에 취약하거나 이미 질병에 걸린 몸인지가 구분됩니다. 인간의 장은 노년기로 가면서 유익균보다 유해균의 비율이 더 많아지기 때문에, 성인이 된 후부터는 각자의 식습관과 생활습관에 의해 이 비율을 관리해야만 합니다.

그렇다면 나의 장 속에 유익한 세균이 충분히 많은지, 아니면 유해균이 많은지의 상태를 체크해보시기 바랍니다.

다음 항목들은 장내 유해 세균이 필요 이상으로 증가했을 때 나타나는 신호들입니다.

- 습관적인 변비로 고생한다. ☐
- 대변을 보는 간격이 불규칙하다. ☐
- 자주 설사나 과민성대장증후군에 시달린다. ☐
- 색이 거무스름하거나 진한 녹색의 변, 딱딱한 변을 본다. ☐
- 대변에서 지독한 악취가 난다. ☐
- 방귀가 잦거나 강한 악취가 난다. ☐
- 육류 섭취를 즐긴다. 그에 비해 채소, 식물성 단백질, 통곡물 섭취는 적다. ☐
- 음주가 잦다. ☐
- 흡연자이다. ☐
- 야식을 즐긴다. ☐
- 설탕이 많이 든 음식을 즐겨 먹는다. ☐
- 수면 시간이 5시간 이하이거나 불규칙하다. ☐
- 야근, 과로, 정신적 스트레스가 잦다. ☐
- 아침에 일어났을 때 공복감이 없고 속이 불편하다. ☐
- 아침에 일어났을 때 개운하게 깨지 못하고 피로감이 심하다. ☐
- 운동을 하지 않거나 불규칙적으로 한다. ☐

1장

건강을 위해
약보다
유산균에
주목하자

1. 현대의학이 유산균을 중요시하는 이유는 무엇인가?

인류는 수천 년 전부터 발효음식을 만들어 먹었습니다. 7000년 전 페르시아에서 만든 포도주도 발효음식이고, 6000년 전부터 중국인들이 만들어 먹은 절임 채소 음식도 발효음식의 시초입니다.

미국의 신경과 전문의이자〈장내 세균 혁명〉의 저자인 데이비드 펄머터는 그의 저서에서 김치에 대해 다음과 같이 언급하였습니다.

"한국의 전통적인 대중음식인 김치는 한국의 국민 음식으로 여겨진다. 김치는 대개 배추나 오이로 만들지만 그 종류가 매우 많다."

그가 김치를 언급한 이유는 전 세계에는 수천 년 전부터 다양한 발효음식이 존재했으며 발효음식 속에 든 유산균이 인간의 건강에 어떤 작용을 하는지에 대해 설명하기 위해서인데 유럽인들이 즐겨 먹는 요구르트나 독일식 김치를 언급하는 과정에서 한국의 김치를 인류의 중요한 발효음식으로 꼽은 것입니다.

외국의 의학자나 과학자들이 발효음식의 대표주자로 꼽을 정도로 김치의 효능과 김치유산균의 효과는 이제 하나의 상식이 되었습니다.

장내 세균에 끼치는 유산균의 강력한 영향력

유산균이 건강의 핵심 키워드로 꼽히는 이유는 유산균의 대표적인 기능이 장내 세균의 균형을 정상화시키는 강력한 역할을 하는 것이기 때문입니다. 또한 장내 세균이 균형을 이룰 때 인체 면역력은 정상화되어 각종 질병을 이겨낼 수 있기 때문입니다.

또 다른 예로 일본의 미생물학자 미노루 시로타 역시 유산균이 든 발효음식의 중요성을 설명하면서 '인체의 건강-체내 세균-유산균'의 상관관계에 대해 강조하였습니다.

그는 일본을 비롯해 전 세계의 다양한 발효음식을 언급하면서 한국의 김치를 꼽았는데 "김치는 좋은 균을 제공할 뿐만 아니라 칼슘, 철, 베타카로틴, 비타민A, C, B1의 훌륭한 공급원이다. 최고의 프로바이오틱 음식 중 하나다."라고 하였습니다.

사실 유산균의 효과에 대해서는 서구의 의학자들이 일찍이 발견하고 연구해 왔습니다. 러시아의 노벨상 수상자이자 과학자인 메치니코프가 연구한 것도 유산균의 효과에 관한 것이었습니다.

인간에게 유익한 모든 종류의 세균을 통틀어 지칭하는 '프로바이오틱스'라는 용어는 바로 메치니코프가 처음 만든 것으로, 그는 면역학의 아버지로 불리기도 하지만 유산균 연구의 선구자로 꼽히기도 합니다.

유산균은 부작용 없는 천연 항생제다

　현대의학에서 유산균의 역할을 중요시하고 양질의 유산균 섭취를 강조하는 이유는 인체에 해로운 균의 침투를 막는 유산균의 성질 때문입니다. 해로운 균을 막아주기 때문에 장기가 본연의 기능을 하고, 흡수와 배설을 정상적으로 하며, 그로 인해 인간의 면역력은 고유의 기능을 되찾습니다.

　즉 유산균은 인공 항생제가 할 수 없는 천연 항생 기능을 한다고 할 수 있습니다.

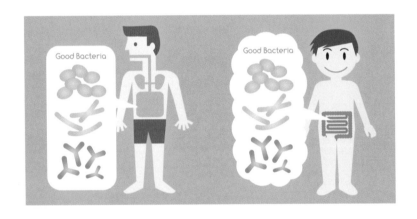

2. 장 속 세균의 비율을 유지하는 것이 건강의 관건이다

인간의 장은 세균들의 서식처입니다. 100조 마리에 달하는 세균이 기생하는 곳이 바로 인간의 장입니다.

이는 지구상의 다른 포유류도 마찬가지입니다. 즉 모든 인간은 장에 서식하는 엄청난 양의 세균들의 거대한 숙주라고 할 수 있습니다.

사실은 인간도 이 세균들의 덕을 보고 있는 것이라 할 수 있습니다. 왜냐하면 세균들 덕분에 외부에서 들어온 병원균이나 바이러스도 퇴치할 수 있고 장이 본연의 기능을 제대로 할 수 있기 때문입니다.

즉 인간과 세균은 서로에게서 이익을 취하며 공생하는 관계나 다름없습니다.

사람은 엄마 뱃속에서 갓 나왔을 때는 무균 상태의 장을 가지고 있습니다. 하지만 불과 3~4시간만 지나면 출산 과정에서 접촉한 외부 환경에 의해 장속에 대장균이 들어오기 시작합니다. 다시 며칠이 지나면 비피더스균처럼 인체에 유익한 균들이 아기의 장속에 자리를 잡습니다.

이때부터 유익한 세균과 유해한 세균이 서로 적절한 비율로 유지되면서, 유익한 균이 유해한 균의 활동을 효율적으로 저지하고 막아주는 것입니다.

유익균, 유해균, 중립균의 비율과 균형

인간과 동물의 장에서는 유익한 균과 유해한 균이 적정 비율을 유지하며 서식합니다.

그렇다면 유익균은 무엇이고 유해균은 무엇일까요?

1. 유익한 세균

: 장의 소화기능, 흡수기능, 배설기능이 제대로 이루어질 수 있도록 도움을 준다.

〈대표적인 유익균〉

- 유산균 : 장의 소화, 흡수, 배설이 원활히 이루어지도록 도와준다. 면역력과 저항력 향상에 직접적인 영향을 끼친다.

- 비피더스균 : 비타민B, K 등을 공급하며, 외부의 바이러스나 병균이 침입했을 때 방어하는 역할을 하며, 장의 연동운동을 돕는다.

2. 유해한 세균

: 장 내부 영양분의 소화, 흡수, 배설 기능을 방해하여 변비, 설사, 과민성대장증후군을 유발시키며, 장내 단백질을 부패시켜 변과 방귀에서 비정상적인 악취가 나게 한다. 이 과정에서 만들어진 장내 유해물질은 장 내벽과 몸속에 염증을 일으키고, 피부트러블과 노화를 일으키며, 발암물질을 만든다.

〈대표적인 유해균〉

- 대장균 : 장의 원래의 기능을 방해하여 변비나 설사를 일으키고 유독한 가스를 만든다. 만성피로가 지속되고 늘 변이 좋지 않은 상태라면 장내 대장균이 지나치게 많아진 것이다.

- 웰치균 : 단백질과 아미노산을 분해하여 암모니아를 생성시킨다. 때문에 웰치균이 필요 이상으로 많아지면 변에서 강한 악취가 난다. 이러한 유독가스는 체외로 배출될 뿐만 아니라 체내에서 흡수되기도 한다. 이때 해독기능을 하는 간에 무리를 주어 간 기능을 저하시키고, 그 결과 독소가 몸속을 돌아다니며 혈관 관련 질환을 유발한다. 또한 고약한 구취를 일으킨다.

3. 중립적인 세균

: 평소에는 유익한 역할도 유해한 역할도 아닌 중립적인 상태로 존재하지만, 유해균이 비정상적으로 증가했을 때는 유해균을 도와 유

해균과 다름없는 역할을 하게 된다.

인간의 장에는 위와 같은 세 종류의 세균이 존재합니다.

학자들의 견해에 따라 조금씩 차이가 나지만 대개 유해균이 장 전체 세균의 10~20퍼센트 이하로 유지되는 것이 장 건강에 있어 가장 이상적인 환경인 것으로 알려져 있습니다.

3. 장내 유익균을 살리는 방법은?

　면역력의 종류는 매우 다양하기 때문에 한마디로 설명하기는 어렵지만 면역력의 약 70%는 장에서 결정되고 나머지 약 30%는 마음, 특히 자율신경에 의해 좌우된다. 특히 면역계 세포의 약 70%는 장 점막에 모여 있다.

　그리고 이를 활성화시키는 것은 바로 장내 세균이다. 그렇기 때문에 장내세균의 종류와 수를 늘리면 자연히 면역력은 강화된다.

　우리 몸의 면역력에 있어서 결정적인 작용을 하는 기관은 바로 장이며, 특히 대장의 점막에는 신체 면역세포의 대부분이 모여 있다고 해도 과언이 아닙니다. 장내 세균 활성화를 좌지우지하는 발효식품군은 면역체계 교란으로 인한 크고 작은 질병에 시달리는 현대인에게 더더욱 필수적인 식품이 되는 것입니다.

현대인의 식습관과 생활습관상의 한계가 있기 때문에, 되도록 생존력이 높고 적은 양으로도 큰 효과를 내며 한국인 고유의 체질에도 맞는 발효식품을 선택하는 지혜가 필요합니다. 아무리 좋은 발효식품이라 할지라도 그 사람의 체질에 맞지 않거나, 흡수율이 떨어지거나, 알레르기를 유발하거나, 먹는 양에 비해 유익균의 생존률이 낮은 식품을 섭취한다면 그만큼 장내 세균을 살리는 효과도 떨어질 것이기 때문입니다. 그런 점에서 평소 김치를 적절히 섭취해 유산균의 기본적인 양을 체내에 늘 보유하는 식습관도 필요하거니와, 아울러 김치유산균을 효율적으로 흡수할 수 있게 만든 건강식품을 섭취하는 것은 큰 도움을 줍니다.

면역시스템에서 중요한 장 면역조직인 파이어판에 주목

장내 유익균을 활성화시키는 데 있어서 빼놓을 수 없는 매우 중요한 요소로 장내 면역조직인 파이어판을 꼽을 수 있습니다. 파이어판(Peyer's patch)은 우리말로 '집합 림프 소절'이라고도 하는데, 소장 끝부분 점막의 성모 사이사이에 림프 소절이 집합해 있는 면역조직을 말합니다. 기다란 타원형 모양을 한 파이어판은 긴 쪽의 지름이 20~100mm, 짧은 쪽의 지름이 8~12mm 정도 되는데 바깥쪽에 M세포라는 세포가 존재합니다. 이 M세포는 강력한 병원균, 예를 들어 티푸스균이나 콜레라균 등이 우리 몸에 침입하는 즉시 단시간에 증식하여 병원균을 흡착합니다. M세포가 병원균을 끌어들이고 나면, 병원균에 대한 정보가 면역시스템을 통해 전달되어 헬퍼T세가 B세포를 활성화시키고 그 결과로 IgA항체를 생성시키는 일련의 과정이 차례로 일어납니다. 이렇게 항체가 만들어지고 나면 병원균 침투 자체를 원천적으로 막을 수 있게 됩니다.

그래서 우리 몸의 면역체계에 대해 이야기할 때 바로 이 파이어판의 역할이 매우 중요하다고 말하는 것입니다. 즉 장내 유익균이 활성화될수록 면역조직인 파이어판의 기능도 활성화되며, 파이어판이 제 기능을 할수록 장내 유익균의 숫자와 활동성도 안전하게 유지될 수 있을 것입니다. 단, 아무리 김치유산균을 김치 그대로, 혹은 건강식품의 형태로 섭취한다 할지라도 평상시 식습관이 함께 바뀌지 않는다면 소용없을 것입니다. 식품첨가물, 정제된 탄수화물, 가공식품, 인스턴트식품, 패스트푸드 등의 음식들은 장내 유해균을 증가시키는 원인들입니다. 채소, 과일을 너무 적게 먹어 장운동을 활성화시킬 자연적인 식이섬유의 섭취를 적게 하는 것도 장내 유해균 활성화와 면역조직 활동 저하에 일조한다는 것을 잊어서는 안 될 것입니다.

그렇다면 우리가 매일 먹고 있는 김치에 대해 자세히 알아봅시다.

4. 왜 김치유산균인가?

유익균과 유해균은 모두 우리 몸에 필요하기 때문에 존재합니다. 심지어 유해균도 적절한 숫자라면 장에는 반드시 필요한 존재입니다. 유해균이 적정 비율 이하로 존재할 때는 인체 외부에서 해로운 병원균이 침입했을 때 그 세균을 적으로 인식하고 퇴치하는 역할을 해줍니다. 얼핏 무조건 나쁜 균으로만 이해하기 쉬운 대장균이 바로 그런 역할을 해줍니다.

문제는 비율입니다. 유해한 세균이 비정상적으로 숫자가 늘어났을 때 제일 먼저 장 기능이 방해를 받고, 장내 환경이 악화되며, 이것은 장과 관련된 온갖 질환을 필두로 하여 만병의 근원이 됩니다.

유익한 세균과 유해한 세균의 비율을 좌우하는 것은 당연히 평소 섭취하는 음식, 그리고 생활습관과 환경입니다. 어떤 음식을 먹고, 어떤 생활을 하느냐에 따라 장 건강은 직격탄을 맞는 것입니다.

유해균도 인체에 필요하지만 그 비율이 문제

일본의 장 건강 및 영양학 전문 필자이자 〈장뇌력〉의 저자인 나가누마 타카노리는 장 건강에 대하여 "장에 기생하는 세균의 생존 환경을 숙주인 사람이 건강하게 사는 데 적합한 상태로 만든다"는 뜻이라고 설명한 바 있습니다.

유산균 섭취가 현대인의 건강에 있어 핵심적인 요소로 자리 잡은 데에는 장 내 환경과 건강에 대한 이러한 원리 때문입니다.

여기에서 나아가 이제는 그저 유산균이 든 식품을 먹는 데서 만족하지 않고, 그 식품 속의 유산균이 장까지 제대로 도달해서 본래의 역할을 해주느냐에 관심이 집중되고 있습니다.

대표적인 발효식품인 요구르트만 하더라도 최근에는 '장까지 가는 유산균'이 들었느냐를 더 중요시합니다. 그런데 이 점에 관해서는 전문가마다 견해가 조금씩 다를 수 있습니다.

기존의 유산균의 단점을 갖고 있지 않은 김치유산균

요구르트를 아무리 많이 먹더라도 요구르트 속 유산균의 대부분은 위산에서 죽어버리기 때문에 별로 효과가 없다는 주장도 있습니다.

반면 위산에서 죽는다 하더라도 장에 도달한 유산균 사체들은 그 존재 자체만으로도 장내 유익균의 활동을 자극하여 결과적으로 면역 시스템에 도움이 된다는 주장도 있습니다.

그런데 양쪽의 상반된 주장에 기본적으로 깔려있는 기본전제는 바로 '좋은 유산균'을 제대로 섭취할수록 우리 몸에 좋다는 것입니다.

요구르트 유산균보다 생존력과 활동성이 좋은 유산균, 요구르트 유산균만큼 유산균으로서의 효능은 가지고 있으면서 요구르트 유산균이 가진 한계를 넘어설 수 있는 양질의 유산균이 그래서 주목받고 있습니다.

이러한 특성들을 고루 가지고 있는 것이 바로 우리나라의 김치유산균입니다. 김치유산균이 차세대 유산균 트렌드의 새로운 가능성으로 평가되고 있는 이유입니다.

[이거 알아요?]

한국 김치에서만 발견된 토종 유산균이 있다고요?

최근 김치유산균에 대한 전문가들의 연구가 활발해지면서 전 세계의 수많은 발효식품 중 오로지 우리나라의 김치에만 있는 토종 유산균 발견과 연구도 꾸준히 이루어지고 있습니다. 이러한 김치유산균 중 '류코노스톡 김치아이'는 2000년에 새로 발견된 김치유산균입니다.

국내의 대표적인 김치 연구팀은 당시 김치유산균을 연구하던 중 기존의 다른 발효식품에서 볼 수 없던 새로운 유산균을 발견하였습니다. 이 유산균은 지금까지 오로지 한국의 김치에서만 발견된 것으로 알려져 있습니다.

이후 이 유산균은 영국의 국제미생물분류진화 잡지에 보고되며 '류코노스톡 김치아이(Leuconostoc kimchii)'라는 정식 학명으로 불리게 되었습니다.

이름에서 알 수 있듯이 '김치'라는 단어가 들어간 '류코노스톡 김치아이'는 김치에서 다른 유산균보다 무려 1천 배나 많이 번식한다고 합니다.

잘 익은 김치의 톡 쏘는 감칠맛의 비밀은?

무엇보다도 김치가 가장 잘 익었을 때 내는 특유의 감칠맛, 톡 쏘는 새콤한 맛을 내는 역할을 하는 주인공으로 밝혀졌습니다. 이는 이 유산균이 발효 과정에서 탄산가스, 에탄올 등을 생성하기 때문입니다. 그리고 이로 인해 한국의 김치는 전 세계의 다른 발효식품에서 발견하기 힘든 특유의 개운하고 시원한 맛을 내는 것입니다.

류코노스톡 김치아이는 기존의 여러 김치유산균들이 가지고 있는 탁월한 효능들도 두루 가지고 있습니다. 위장기능을 돕고, 항암 및 항균 작용을 하며, 면역력을 높여줍니다. 또한 혈중 콜레스테롤을 낮춰 비만, 성인병을 예방하며 미용과 노화 방지 기능을 도와주는 것으로 알려져 있습니다.

한국 김치에서 주로 발견된 또 다른 대표적인 김치유산균으로 '바이셀라 코리엔시스(Weissella koreensis)' 도 있습니다. 학명에 '코리아' 라는 이름까지 붙은 이 유산균 역시 김치의 맛에 중요한 역할을 하며, 항바이러스와 항암 작용에 탁월한 효과를 발휘합니다.

이처럼 과학계에서는 우리나라의 김치만이 가지고 있는 토종 김치 유산균을 새로 발견하고 그 효능과 기능을 밝혀내기 위해 지금도 꾸준히 노력하고 있습니다.

4. 김치유산균은 질병 치유 및 예방 효과에 탁월하다

　김치유산균은 한국인의 체질에 더할 나위 없이 적합한 슈퍼유산균의 역할을 해줄 수 있습니다. 김치유산균의 충분한 섭취를 통해 장내세균의 균형과 몸속 면역시스템의 균형을 바로잡을 때 다음과 같은 치유 및 예방효과를 볼 수 있습니다.

김치유산균, 면역력 강화 등의 효과로 신원료 주목

출처 - 경향신문 2016.03.18

〈김치유산균의 대표적인 효능〉

① 장 기능 회복
- 장내 유익한 세균의 숫자를 증가시키고, 유해한 세균의 번식은 억제시켜 적정 비율 이하로 유지시킨다.
- 장의 내벽에 필요 이상으로 서식하며 염증을 유발하는 유해균을 퇴치하여 염증을 없애거나 예방한다.
- 장의 연동운동을 촉진시켜 흡수와 배설이 원활히 진행되도록 한다.
- 장의 모세혈관과 림프관이 본연의 기능을 할 수 있게 한다.
- 장내 비타민 성분이 적정 수준으로 형성되게끔 한다.
- 배변활동을 정상화시킨다.
- 살균작용을 하는 유기산을 배출해 유해균이 사멸되도록 한다.
- 유해균이 생성한 유독가스와 독소가 체내에 흡수되기 전에 체외로 배출되도록 한다.
- 복통, 설사, 과민성 대장증후군, 습관성 장염, 변비, 숙변 등 장 건강 이상으로 인한 질환을 감소시키고 개선한다.

② 면역력 증진
- T세포 등 면역세포의 활동과 증식을 돕고 활성화시킨다.
- 인체 내의 해로운 세포를 제거하는 킬러세포의 활동을 자극하여

활성화시킨다.
- 체내 염증을 치료한다.
- 인체의 자가 치유 기능을 정상화시킨다.
- 면역질환에 속하는 아토피, 알레르기 질환을 개선시킨다.

③ 난치성 질환 치유 및 항암
- 아미노산과 만나 유독가스 및 발암성 물질을 만들어내는 유해한
  대장균의 활동을 억제한다.
- 이미 생성된 체내 유독가스 및 발암성 물질을 분해한다.
- 암세포 증식을 억제하는 물질이 원활히 분비되도록 한다.
- 암세포 전이를 억제한다.
- 종양의 생성 및 증식을 억제한다.
- 간수치 및 간 기능을 정상화시켜 각종 간질환을 개선시키고 예방
  한다.
- 체내 항균 및 소염 작용을 한다.

④ 성인병 예방과 비만 개선
- 혈중 콜레스테롤 및 LDL 콜레스테롤 수치를 낮춘다.
- 혈중 유해물질 억제 및 혈액순환에 영향을 끼쳐 고혈압 질환을 개
  선시킨다.

- 비만을 유발하는 유해균 활동을 억제하여 비만을 개선시킨다.
- 장내 유독가스와 독소를 제거하여 성인 여드름, 기미, 아토피, 알레르기 피부질환, 소양증 등 피부 트러블을 개선시킨다.

2장

김치 유산균의 비밀은 무엇인가?

1. 세계인은 발효음식에 주목하고 있다

우리 몸속에서 유해균이 필요 이상으로 증가하고 그에 비해 유익한 균이 줄어들었을 때 면역력이 떨어지고 질병에 취약하며 각종 면역질환에 시달립니다. 유산균은 몸속 미생물의 비율과 작용을 정상화시켜줌으로써 인체가 본연의 기능을 하도록, 즉 건강하고 적절한 면역력을 갖게 하도록 도와줍니다.

사람의 몸은 체내에 있는 다양한 미생물의 활동에 의해 노폐물을 배출하고 독소를 해독하며 소화와 흡수를 합니다. 면역력이 강하다는 것은 이러한 활동이 정상적으로 유지된다는 것과도 같습니다. 정상적인 면역력을 갖는다는 것은 질병에 잘 걸리지 않고, 걸리더라도 몸이 가지고 있는 힘과 회복력에 의해 금세 질병을 극복한다는 뜻이기도 합니다.

반면 면역력이 약하다는 것은 이러한 미생물 활동이 제대로 이루어지지 않고 있다는 뜻이며, 적절한 비율을 이루어야 할 미생물의 숫자에 문제가 생겼다는 것과 같습니다.

한국인의 소울푸드이자 세계적인 발효음식 김치

때문에 전 세계인은 몸속 미생물의 비율과 기능을 정상화시켜 면역력을 증강시켜주는 유산균의 효능과 역할에 주목해 왔습니다. 그런데 최근 집중적인 주목을 받고 있는 것은 단지 요구르트의 유산균에만 국한되어 있지 않으며 요구르트 외에도 전 세계 각 문화권에는 수천 년 전부터 다양한 전통 발효음식이 존재해 왔습니다. 전 세계의 수많은 발효음식 중 요구르트 못지않게 탁월한 효능을 가진 음식, 그러면서도 기존의 다른 발효음식들에 비해 상대적으로 조명을 많이 받지 못했던 음식으로 한국의 김치를 꼽을 수 있습니다.

이 김치가 최근 전 세계 의학계와 건강 분야에서 새로이 주목을 받고 있는 것입니다.

김치는 한국인의 '소울푸드'라고 할 수 있을 만큼 대표적인 발효음식이자 오랜 역사를 가진 전통음식입니다. 잘 알려져 있다시피 김치의 어원은 '침채' (沈菜)로서, 채소를 소금에 절여 먹던 데서 그 기원을 찾을 수 있습니다.

모든 발효음식에는 다양한 종류의 유산균이 함유되어 있고 저마다 사람의 몸에 이로운 작용을 합니다. 그런데 한국의 김치에만 들어있는 독특하고 고유한 유산균에 대한 연구 활동이 최근 활발히 진행되면서, 여타 발효음식을 능가하는 풍부하고도 다양한 유산균의 존재와 효능이 속속 드러나고 있는 것입니다.

김치에 들어있는 유산균, 즉 김치유산균의 효능은 놀라울 정도입니다.

- 면역력 강화
- 위장 기능 강화
- 항균, 소염, 독소 배출
- 항암 작용
- 항돌연변이
- 항노화
- 항산화
- 혈중 콜레스테롤 저하

김치유산균의 대략적인 효능만 꼽으면 위와 같지만, 연구를 거듭할수록 더욱 복잡다단하고 탁월한 기능을 가지고 있음이 밝혀지고 있습니다. 미국의 대표적인 건강잡지 〈헬스 매거진〉에서 김치를 세계 5대 건강식품으로 꼽으며 주목한 이유도 새로이 밝혀지고 있는 다양한 과학적 근거 때문입니다.

더구나 김치는 육류와 가공식품 위주의 서양식 식단에 대한 가장 전통적이고도 근본적인 대안이 되는 음식으로 꼽힙니다. 채소를 절인 음식이기 때문에 섬유소 보충원의 역할을 할 수 있으며, 유산균 말고도 비타민, 미네랄이 풍부하고, 산성화된 인체를 정상화시킬 수 있는 알칼리성 음식이기 때문입니다.

[이거 알아요?]

김치가 세계 5대 건강식품에 선정된 이유는?

World' s Healthiest Foods: Kimchi (Korea)

미국 '헬스(Health)' 잡지는 올리브기름, 콩과 콩식품, 렌틸콩, 요구르트 등과 함께 김치를 세계 5대 건강식품으로 선정했다. '헬스' 지는 김치는 식이섬유소를 많이 함유하고 다이어트 효과가 있으며 비타민 A, B, C가 풍부하고, 요구르트와 같은 건강에 유리한 유산균을 많이 가지고 있으며, 여러 연구에 의해 암을 예방하는 물질을 가지고 있다고 밝혔다.

■ 김치의 효능

항균작용

김치는 익어감에 따라 항균 작용을 갖는다. 숙성 과정중 발생하는 젖산균은 새콤한 맛을 더해줄 뿐만 아니라, 장속의 다른 유해균의 작용을 억제하여 이상 발효를 막을 수 있고, 병원균을 억제한다.

다이어트 효과

흰쥐를 이용한 실험에서, 김치를 섭취한 흰쥐는 고지방 식이를 하여도 정상쥐와 비슷한 감량효과를 나타내었다. 이는 고춧가루의 매운 성분인 캡사이신, 마늘의 알리신, 무의 캠페롤, 생강, 파 등 김치의 재료들 대부분이 다이어트 효과를 나타냈는데 특히 김치가 적당히 익었을 때 다이어트 효과가 더 커진다.

아토피 피부염 완화 효과

삼성서울병원과 중앙대병원 연구팀은 2012년 게재한 논문을 통해 김치에서 분리한 3500개 유산균 중 133번째 균인 '락토바실러스 플란타룸 CJLP133' 유산균이 아토피 피부염 완화 효과가 있다는 사실을 증명했다. 연구에 따르면, 아토피피부염 진단을 받은 1~13세 사이 어린이 83명을 대상으로 12주 간에 걸쳐 CJLP133을 복용시킨 아이들(44명)이 그렇지 않은 아이들(39명)에 비해 아토피 피부염이 완화되는 정도가 확연한 차이를 보였다.

아토피 피부염 중증도 지수(SCORAD, SCORing Atopic Dermatitis)을 통해 비교 분석한 결과, CJLP133을 복용한 아이들은 복용 후 12주가 지나자 중증도 점수가 27.6점에서 20.4점으로 낮아졌다.

삼성서울병원이 평가하는 아토피 중증도 지수에서 26점 이상이면 아토피가 심한 편이다. 하지만 복용 결과 경증으로 분류하는 기준인 25점 이하를 밑돌아 상당히 호전됐음을 알 수 있다.

섬유소의 장염, 결장염 예방기능

김치 원료가 되는 채소는 자체에 다량의 섬유소가 함유되어 있어 변비를 예방하고 장염이나 결장염 같은 질병을 예방해 준다.

젖산균(유산균)의 정장작용

김치에 사용되는 주재료들은 공통적으로 수분이 많아서 다른 영양소의 함량은 낮게 나타나지만 유산균은 장내 유해세균의 번식을 차단, 위장내의 단백질 분해효소인 pepsin 분비를 촉진시키며 장내 미생물 분포를 정상화시켜 정장작용을 돕는다.

한국의 대표적인 발효식품인 김치는 숙성함에 따라 젖산균(유산균)이 증가하고 요구르트와 같이 장내의 산도를 낮춰 유해균의 생육을 억제시키는 정장작용을 한다. 일반적으로 PH4.6~4.2, 산도 0.6~0.8 정도가 김치의 맛도 좋고 비타민C 의 함유량도 가장 높다.

산중독증 예방
김치는 육류나 산성 식품을 과잉 섭취 시 혈액의 산성화로 발생되는 산중독증 을 예방해 주는 알칼리성 식품 공급원이다.

성인병 예방
성인병 예방, 비만, 고혈압, 당뇨병, 소화기계통의 암 예방에도 효과가 있다.

항동맥경화 및 항산화, 항노화(피부노화억제) 기능
최근 연구결과에 의하면 김치의 섭취는 혈중 콜레스테롤의 양을 감소시키고 분 해하는 활성을 가져 동맥경화를 예방하는 효과가 있다고 밝혀졌다. 흰쥐를 이 용한 실험에서 김치 섭취는 간의 지방질 농도도 감소시키는 것으로 나타났다. 또한, 김치는 비타민C 등의 활성성분에 의해 항산화작용을 거치므로 노화를 억 제하며, 특히 피부노화를 억제하는 효과가 있다. 김치는 항산화 활성이 있는데 발효가 진행됨에 따라 차이를 보였으며, 숙성적기의 김치에서 가장 높았다.

항암효과
김치의 주재료로 이용되는 배추 등의 채소는 대장암의 예방효과가 있고, 마늘 은 위암을 예방하는 효과가 있다. 마늘은 한국에서는 거의 모든 음식의 양념으 로 쓰이며, 특히, 김치에서는 빼놓을 수 없는 중요한 재료이다. 마늘의 강하고 매운 냄새와 맛 때문에 사람들이 먹기를 꺼리는 경향이 있지만 최근 마늘의 항암효과가 발견되면서 마늘을 이용한 다양한 음식들이 건강식품으로 급부상하고 있다.

생리대사 활성화 효과

김치의 주 부재료인 고춧가루에는 켑사이신이라는 성분이 들어 있어 위액의 분비를 촉진하여 소화 작용을 도와주며 비타민A와 C의 함유량도 많아 항산화 작용을 한다. 그 뿐만 아니라 마늘에 함유되어 있는 스코리지닌은 스테미너 증진 효과가 있으며 아리신 성분은 비타민B_1의 흡수를 촉진하여 생리대사를 활성화하는 효과를 가지고 있다. 또한 생강에 함유되어 있는 진저롤은 식용증진 및 혈액순환에 좋은 효과가 있다.

2. 김치의 발효과학에 숨어있는 성분상의 비밀

인류의 문명이 발전한 이래 전 세계 문화권에는 그 지역의 풍토와 환경에 맞는 다양한 종류의 발효음식이 존재했습니다.

우리나라의 김치, 된장, 간장이 오랜 세월에 걸쳐 이어져온 것처럼, 아시아권의 각 나라에서도 채소를 다양한 방식으로 절여 먹었습니다. 독일에는 양배추를 절여 먹는 독일식 채소절임인 '사우어크라우트' 라는 발효음식이 있습니다.

가축의 젖을 주식으로 먹는 문화권에서는 치즈와 요구르트 같은 발효음식이 발달했는데, 스위스의 치즈, 인도의 라씨, 터키의 아이란 요구르트 등이 대표적입니다. 유럽권에서는 발효작용으로 만드는 빵 종류가 다양하고, 아프리카 일부 지역에는 빵과 떡의 중간 정도 되는 푸푸라고 부르는 발효음식이 있습니다.

그럼에도 불구하고 우리나라는 전 세계의 어느 문화권과도 비교할 수 없을 정도로 다양하고 독창적인 전통 발효음식의 역사를 가지고 있습니다. 우리나라에는 김치 말고도 풍부하고 다양한 종류의 전통 발효음식이 있습니다. 더구나 김치나 된장은 식생활이 급속히 서구화된 지금도 한국인의 일상 속에 스며들어 있는 음식이라는 점에서 타의 추종을 불허합니다.

김치가 가지고 있는 과학적, 영양학적 효능이란?

된장, 청국장, 간장, 고추장, 각종 젓갈류는 각각 고유하고 개성적인 발효음식으로서 저마다의 효능을 가지고 있지만, 김치는 오랜 세월의 전통과 경험이 집약된 하나의 종합적인 영양의 보고라 할 수 있습니다.

사실 요즘 한국인들이 일반적으로 먹는 김치는 전통 김치에 비해 종류가 매우 적어졌습니다. 우리의 전통 김치는 배추나 무 뿐만 아니라 수십 가지의 다양한 채소를 원료로 하여 만들어졌습니다. 한국의 토양에서 자생한 온갖 종류의 채소란 채소는 거의 대부분 김치의 원료였다 해도 과언이 아닐 것입니다.

김치에 숨은 과학의 비밀은 원료에서 찾을 수 있습니다. 양념의 주원료인 고춧가루, 마늘, 생강은 천연 항균 및 항생제 역할을 하고, 젓갈은 아미노산을 제공합니다. 김치가 주목받는 이유는 단순히 유산균 때문만이 아니라 섬유소, 영양분, 젖산, 비타민, 미네랄이 풍부하게 들어있는 전무후무한 식품이기 때문입니다.

3. 아직 밝혀지지 않은 신비로운 김치 발효과정

김치를 담글 때는 제일 먼저 배추 등 원료가 되는 채소에 소금을 뿌려 절이는데, 이때 유해한 미생물은 죽고 유익한 미생물은 살아남습니다. 여기서 살아남는 미생물이 바로 유산균 혹은 젖산균(lactic acid bacteria)입니다.

김치유산균은 내염성이자 혐기성 미생물로, 소금에 살아남고 산소가 없는 환경에서 살아남는 성질을 갖고 있습니다. 김치를 익힐 때 김칫독에 넣고 꾹 눌러 공기를 빼기 때문에 이런 환경에서 김치유산균이 살아남아 번식하면서 김치가 익어가는 것입니다.

양념에 들어있는 다양한 성분과 젓갈 등의 단백질 성분은 유산균이 생육하는 데 있어 최적의 환경이 되어줍니다. 유산균이 번식하며 유기산을 만들어내기 때문에 김치는 익을수록 톡 쏘는 새콤한 맛을 냅니다.

이때 김치가 발효되며 생성되는 김치유산균은 한 가지만 있는 것이 아니라 그 종류가 매우 다양합니다.

알면 알수록 신비로운 김치의 발효과정

최근 미생물이나 식품 등 다양한 분야의 전문가들은 김치유산균에 어떠한 종류가 있고 각각 어떠한 효능을 가지고 있는지에 대해 지속적으로 연구를 하고 있는데, 김치유산균에 대한 연구가 단기간에 끝나기 어려운 이유는 김치의 발효과정이 놀라울 정도로 복잡하기 때문입니다.

김치는 주재료에 따라서도 달라지지만, 양념에 들어가는 원료의 종류도 지역마다 다릅니다. 주재료, 양념의 재료와 종류, 담그는 시기, 발효가 이루어지는 온도와 환경, 일조량, 산도, 염도에 따라 김치에서 발생하는 유산균의 종류는 무궁무진하게 달라지는 것입니다.

또 전통방식으로 담그는지 공장에서 대량 생산 방식으로 만드는지에 따라서도 달라지고, 옛 방식으로 김칫독에 보관하는지 아니면 요즘 대부분의 도시인들처럼 냉장고나 김치냉장고에 보관하는지에 따라서도 맛과 산도, 유산균의 종류와 숫자가 천차만별로 달라집니다.

따라서 김치유산균이 가지고 있는 기능과 효능은 지금까지 밝혀진 것보다 앞으로 밝혀질 것들이 더 많이 있다고 할 수 있습니다.

4. 김치유산균의 기능과 역할

유산균은 한 종류만 있는 것이 아닙니다. 발효되는 조건과 원료에 따라 종류가 다르고, 종류에 따라 기능과 역할도 조금씩 차이가 있습니다. 마찬가지로 김치유산균도 다른 발효음식에는 없거나 부족한 오로지 우리나라의 김치만이 가지고 있는 고유의 여러 유산균들을 뜻합니다.

연구결과에 의하면 일반적으로 요구르트를 비롯한 유제품에 들어 있는 유산균과 김치유산균은 종류와 성질이 매우 다른 것으로 밝혀졌습니다. 그렇다면 김치유산균은 다른 발효식품의 유산균과 무엇이 어떻게 다른지 알아볼까요?

김치유산균만의 독특한 성질은?

- 유해균 없음
: 발효된 김치에는 대장균 등 유해한 세균은 발견되지 않고 유익한

유산균의 비율이 99퍼센트를 차지하며 김치가 익는 동안, 즉 숙성되는 동안 김치 내부의 독특한 환경으로 인해 유해한 세균은 거의 살아남지 못하기 때문입니다.

- 식물성

: 발효 유제품에 들어있는 동물성 유산균과 달리, 김치유산균은 식물에서 영양분을 얻고 자라는 식물성 유산균입니다. 요구르트 등에 들어있는 주요 유산균은 김치에서는 살아남기 어렵다고 합니다.

- 저온, 저산소, 고염도에서 생존

김치유산균은 저온, 저산소, 고염도의 환경에서 살아남고 번식하는 성질을 갖고 있습니다. 이러한 환경은 자연스럽게 유해한 세균이 살아남기 어려운 환경이기도 합니다.

- 양념의 천연항생성질

: 양념에 들어있는 소금, 생강, 마늘, 고춧가루는 매우 강력한 천연항생물질을 내놓습니다. 그런데 김치유산균은 이러한 항생물질에서도 살아남는 특수한 유산균이라 할 수 있습니다.

김치유산균의 항암, 항균 효능이 다른 식품의 유산균보다 강력한 이유가 여기에 있습니다.

- 유당불내증의 대안

: 유제품 속의 유산균도 물론 사람의 몸에 유익한 작용을 하지만, 문제는 모든 사람이 유당을 소화하지는 못한다는 점입니다. 김치유산균은 동물성 지방과 단백질 소화가 어려운 체질을 가지고 있는 사람들에게도 적절한 공급원이 됩니다.

- 안정성

: 위와 같은 여러 이유들로 인하여 김치유산균을 다른 식품의 유산균에 비해 매우 안정적이고 효과가 좋은 유산균이라고 설명하는 학자들이 많이 있습니다.

김치 등 식물성 유산균이 뜨는 이유

'입동이 지나면 김장도 해야 한다' 는 속담이 있다. 우리 선조들은 입동을 기준 삼아 김장 날을 잡았다. 입동 전후 5일 안팎에 담근 김장 김치의 맛이 가장 기막혀서다.

김치가 맛있게 익으면 유산균이 g당 1억~10억 마리에 달한다. 같은 양의 요구르트에 함유된 유산균 숫자와 비슷하거나 그 이상이다. 유산균이라고 하면 사람들이 흔히 떠올리는 요구르트 속 유산균은 동물성 유산균을 대표한다. 요구르트의 원재료가 우유이기 때문이다.

많은 사람에게 다소 생소하겠지만 식물성 유산균도 있으며 이 부류를 이끄는 것은 김치 속 유산균이다. 김치유산균은 독종이다. 짜고 맵고 영양성분이 적은, 악조건에서 살아남아야 해서다. 일본 유산균학회에서 가장 생존력이 뛰어나다는 평가를 받을 정도다.

이와는 달리 요구르트 속 유산균은 완전식품인 우유라는 '웰빙' 환경에서 지낸다. 김치 유산균 등 식물성 유산균은 동물성 유산균에 비해 척박한 환경, 적은 영양소 속에서 생존해야 하므로 각종 영양소를 분해 · 섭취하는 능력이 뛰어나다. 그래서 식물성 유산균은 동물성 유산균보다 천연 항균물질이나 생리활성물질을 더 다양하게, 더 많이 생성할 것으로 기대되고 있다.

김치유산균, 대장까지 살아 내려간다

여태껏 김치 유산균이 큰 주목을 받지 못한 것은 오랫동안 김치 유산균이 '약골' 로 간주됐기 때문이다. 음식과 함께 먹더라도 위에서 강산인 위산에 의해 대부분 죽을 것으로 예상했다. 하지만 실제론 여러 종의 김치 유산균이 대장까지 너끈히 살아 내려간다는 사실이 국내 연구진에 의해 밝혀졌다.

부산대 식품영양학과 박건영 교수는 김치를 일부러 먹인 사람과 먹이지 않은 사람의 대변을 수거해 각각의 유산균 수를 검사해 봤다. 그 결과 김치 섭취자의 대변에서 잰 유산균 수가 비 섭취자의 100배에 달했다. 이는 여러 김치 유산균 이 위산이나 담즙산에 노출돼도 대부분 살아남는다는 증거다.

대장에 안착한 김치 유산균은 우리 건강을 위해 다양한 일을 한다. 정장 작용 · 대장염 억제 · 면역력 증강 · 아토피와 알레르기 개선 외에 항암 · 비만 억제 · 항균과 항바이러스 · 가바(GABA) 생산 등 효능이 한둘이 아니다.

20~30대 젊은 세대에서 크론병 · 만성 궤양성 대장염이 최근 크게 늘었다. 염 증을 억제하는 김치 유산균의 섭취가 과거보다 크게 감소한 것과 관련이 있다 는 주장이 의료계에서 제기되고 있다.

김치 유산균은 스트레스 · 우울증 완화에도 이롭다. 김치 유산균이 뇌에서 '행 복 물질' 이자 '숙면 물질' 인 세로토닌의 생성량을 증가시키기 때문이다. 세로 토닌은 또 장에선 배변활동을 활발하게 한다.

〈출처〉
허핑턴포스트 2015.11.04, 글쓴이 박태균(식품의약 칼럼니스트, 중앙대 의약식품대학원 겸임교수)

5. 약이 되는 김치유산균의 효능

극심한 스트레스, 식생활의 서구화, 운동부족, 과로, 환경오염, 살충제, 화학물질, 항생제 등으로 인해 현대인은 각종 질병에 시달리고 있습니다.

질병이란 체내 유익균이 줄고 유해균이 늘어 인체 면역 시스템이 깨진 결과로 생기는 경우가 많으며 질병의 종류에는 여러 가지가 있지만, 건강의 적신호로 가장 뚜렷한 지표가 되는 것은 다름 아닌 장의 건강입니다. 장의 소화 및 배설 기능이 떨어졌다는 것은 이미 질병에 걸렸거나 앞으로 큰 질병에 걸릴 수 있다는 신호입니다.

일차적으로 장 기능에 문제가 생기고 몸의 면역시스템이 깨진 경우 다음과 같은 현상이 나타납니다.

- 소화불량, 과민성대장증후군
- 변비, 숙변, 잔변감
- 위장의 염증이나 궤양
- 대장 점막 손상
- 대장질환과 대장암 발병

- 만성피로, 수면장애
- 내장지방 증가, 비만, 성인병
- 대사증후군
- 피부의 염증이나 각종 트러블
- 노화
- 간 질환
- 방귀나 대변에서 나는 악취
- 아토피, 알레르기 질환, 각종 자가면역 질환
- 잦은 감기

김치유산균은 인체 면역시스템 회복에 기여한다

몸속 유익균의 숫자를 정상적으로 되돌리는 구원병이 유산균이라고 한다면, 다양한 유산균 중에서도 김치유산균은 한국인의 체질에 가장 최적화된 자연치유의 보고라 할 수 있습니다. 다음 장에서 좀더 자세히 살펴보겠지만, 김치유산균이 가지고 있는 대표적인 고유의 기능은 다음과 같은 것들이 있습니다.

- 면역력 향상, 면역시스템의 정상화
- 종양과 암세포 억제
- 유당불내증 등 소화 장애 없이 유산균 섭취
- 비타민, 무기질, 미네랄 보충

- 소염, 항염증, 항균, 항암 성질
- 산성 체질을 알칼리성 체질로 변화 .등등

[언론에서 소개하는 김치유산균]

역시 김치는 '藥' 이었네

국내 연구진이 김치유산균이 만드는 항박테리아, 항바이러스 물질을 처음으로 찾아냈다. 그동안 김치 유산균이 조류인플루엔자 치료에 효과적이라는 연구 결과가 있었지만, 치료용 물질을 분리해 규명한 것은 이번이 처음이다. 김치 유산균은 몸에 나쁜 소금의 효과도 억제하는 것으로 나타났다. 김장을 나누면 약도 함께 주는 셈이다.

하루 신 김치 100g이면 질병 예방 가능

서울대 강사욱 교수(생명과학부) 연구진은 "김치에서 분리한 유산균 '락토바실러스 플란타룸'에서 병원성 박테리아와 진균(곰팡이·효모·버섯류), 바이러스 억제에 탁월한 효과를 내는 새로운 저분자 물질 복합체를 발견했다"고 4일 밝혔다. 연구 결과는 국제 학술지 '미생물학 저널(Journal of Microbiology)'에 실릴 예정이다.

강 교수는 지난 2005년 3월에도 조류인플루엔자 등 바이러스성 질병에 걸린 닭에 김치 유산균 배양액을 먹였더니 85%가 치료됐다는 연구 결과를 발표한 바 있다. 일주일 뒤 영국 BBC방송이 같은 내용을 보도하면서 전 세계적으로 김치에 관심이 높아졌다. 이듬해 미국의 건강 전문지 '헬스' 지는 김치를 세계 5대 건강식품으로 선정했다.

당시엔 유산균 배양액 내의 어떤 물질이 치료 효과를 내는지는 밝혀내지 못했다. 연구진은 지난 8년간 추가 연구를 통해 김치 유산균 배양액에서 두 종류의 아미노산(단백질 구성 물질)이 들어 있는 저분자 물질 8개와, 아미노산이 아닌 저분자 물질 1개를 찾아냈다. 이 저분자 물질들의 복합체는 기존 항생제가 듣지 않는 병원균인 수퍼박테리아, 여성의 질염을 일으키는 칸디다 진균 등에 탁월한 치료 효과를 보였다고 연구진은 밝혔다.

특히 저분자 물질 중 두 가지는 독감을 일으키는 인플루엔자 A 바이러스에도 효과가 있는 것으로 나타났다. 실험용 개 신장세포에 이 바이러스를 투입하면 세포가 죽지만 바이러스와 두 가지 저분자 물질을 함께 투입했을 때는 세포가 모두 살아 있었다고 연구진은 밝혔다.

연구진은 이번 연구를 통해 저분자 물질 복합체 10㎎ 정도면 병원성 박테리아와 진균, 바이러스를 퇴치할 수 있음을 밝혀냈다. 강 교수는 "유산균은 푹 익은 신 김치 1㎏당 100㎎의 저분자 물질 복합체를 생산한다"며 "하루에 100g 정도의 신김치를 섭취하면 질병 예방 효과를 기대할 수 있을 것"이라고 말했다.

유산균은 김치에 든 소금 효과 억제

김치가 몸에 좋다고 하지만 소금 때문에 꺼리는 사람도 있다. 하지만 유산균이 있다면 큰 걱정을 하지 않아도 된다. 세계김치연구소 김현주 박사는 지난달 열린 한국식품영양과학 학술대회에서 '김치에 들어 있는 소금은 고혈압에 크게 영향을 미치지 않는다'는 연구 결과를 발표했다.

먼저 소금을 조금만 섭취해도 고혈압 증세를 보이는 생쥐들에게 한쪽은 염도(鹽度) 2.57%의 소금을 사료에 섞어 먹이고, 다른 쪽은 같은 염도의 잘 익은 김치를 먹였다. 8주 후 김치를 먹은 쥐는 사료에 소금을 섞어 섭취한 쥐보다 혈압 상승률이 12%가량 낮았다. 김 박사는 "김치에 들어 있는 유산균과 항산화 성분, 식이섬유 등이 고혈압 증상을 낮춘 것으로 보인다"고 말했다.

그래도 찝찝하면 소금을 줄인 저염 김치를 담그면 된다. 한국식품연구원 발효기능연구단 이명기 박사는 지난 6월 유산균을 이용해 김치의 소금 함유량을 절반으로 줄이면서도 김치 고유의 감칠맛을 살릴 수 있는 '저염화 절임 기술' 을 개발했다. 김치의 맛도 살리고 건강도 지키는 고마운 유산균이다.

출처 - 조선비즈, 이영완 기자

3장

현대의학이
증명한
김치유산균의
기적

1. 의학계에서 증명하고 있는 김치유산균의 효능

김치유산균은 의학, 과학, 미생물학, 건강식품산업 등 여러 분야에서 뜨거운 주목을 받고 있습니다. 김치의 건강 측면의 효능 및 김치유산균의 효과에 대해 우리나라의 연구자들과 각계 전문가들은 물론이고 해외의 학계에서도 비상한 관심을 보이고 있습니다.

한국의 김치를 '역한 냄새가 나는 낯설고 이상한 음식'으로 취급하던 분위기는 이제는 서구권 국가들에서도 옛날 이야기가 되고 있습니다. 김치를 각 문화권의 풍토와 현지 입맛에 맞게 활용하는 요리들도 새로운 푸드 트렌드로 각광을 받고 있습니다.

이러한 조명을 이제야 받는다는 것은 달리 말하면 김치유산균이 가지고 있는 다양한 효능과 가능성에 비해 과학적인 연구는 다소 뒤늦게 시작되었다는 뜻이기도 합니다.

예를 들어 요구르트에 들어 있는 유산균의 효능에 대해서는 유산균의 과학적 지식에 대해 잘 알지 못하는 일반인도 마치 생활 속의 상식처럼 잘 알고 있을 정도로 널리 알려져 있습니다. 또한 유산균 섭취를 더 효과적으로 하기 위한 다양한 유제품들도 지속적으로 시판되고 있습니다. 누구나 마트에 가기만 하면 '장까지 살아서 가는 유산균'과 같은 문구를 강조한 다양한 요구르트 및 발효 유제품들의 홍수 속에서 어떤 제품을 선택할지 고민해본 적이 있을 것입니다.

그에 비해 김치유산균에 대해서는 그 종류와 효능에 대한 연구가 본격적으로 시작된 것이 상대적으로 최근의 일입니다.

의학계 및 과학계에서도 주목하고 있다

채소를 절여 먹던 '침채'에서 고춧가루가 한반도에 들어온 이후 끊임없이 우리 입맛에 맞게 변주하고 발전해온 현대의 김치에 이르기까지, 한국인들은 오랜 세월 김치와 더불어 살아왔습니다.

그 기나긴 역사를 떠올려 본다면 김치유산균에 대한 연구는 어쩌면 이제 겨우 걸음마 단계에 들어간 것인지도 모르겠습니다. 그 점이 아쉽기는 하지만 이는 앞으로 김치유산균의 과학과 효능에 대해 밝혀질 것들, 그리고 개발될 프로젝트들이 무궁무진하다는 점에서 김치유산균의 미래는 매우 밝다고 볼 수 있습니다.

그렇다면 왜 의학계와 과학계에서는 전 세계 수많은 발효음식들에서 발견되는 유산균 중 김치유산균에 대해 주목하고 있는 것일까요?

이는 다른 발효식품의 유산균들이 가지고 있는 다양한 효능을 김치유산균도 기본적으로 가지고 있을 뿐만 아니라, 오로지 김치유산균만이 가지고 있는 독특한 특징들이 속속 발견되고 있기 때문입니다.

잘 알려진 것처럼 김치는 영양학적인 측면에 있어서도 고르고 풍부한 성분을 가지고 있는 식품으로 유산균, 섬유질, 비타민, 무기질, 아미노산, 유기산, 포도당 등을 함유하고 있는 흥미로운 식품입니다. 무엇보다도 김치에 함유된 여러 종류의 미생물군을 분석해보면 유산균이 대부분이고 대장균을 비롯한 유해한 세균은 발견되지 않는다는 특징이 있습니다.

2. 유익한 유산균은 가득, 유해한 대장균은 사멸된다

인체에 유해한 대장균이 김치에서 거의 발견되지 않는 이유는 간단합니다. 김치가 숙성하는 환경 자체가 대장균이 생존하기에 적합하지 않기 때문입니다.

김치가 익는, 즉 김치가 발효하는 과정은 배추나 무 같은 식물성 주재료의 세포에서 효소 작용이 이루어지는 과정이라고 할 수 있습니다. 미생물들은 효소 작용으로 발생하는 당분이나 아미노산을 먹고 성장하는데, 이 미생물들이 성장하고 번식하는 것이 발효 과정이며 이때 자라는 미생물이 유산균이라고 불리는 미생물입니다.

다른 말로 젖산균이라고도 부르는 유산균은 산을 만들어내고, 유산균이 만들어낸 산은 다른 미생물을 죽이는 역할을 합니다.

김치의 발효가 본격적으로 이루어지기 전에는 김치 속에 유해한 세균, 예를 들어 대장균들도 존재합니다. 왜냐하면 채소 자체에서, 혹은 김치를 담그는 사람의 손이나 외부 환경을 통해 수많은 세균이 자연스레 유입되는데 그 세균 중에는 유해한 균도 있기 때문입니다.

인체에 치명적인 유해균의 생장을 막고 죽이는 성질

유산균은 자라면서 유기산을 내놓고, 박테리오신 같은 항생물질도 생성합니다. 게다가 김치의 주된 양념 재료인 고추, 생강, 마늘은 그 자체로 천연항생제 역할을 합니다. 따라서 김치가 발효가 될수록 대장균은 점점 죽게 되는 것입니다.

실제로 한 연구에서는 익고 있는 김치에 대장균을 인위적으로 투입하자 30분 이내에 사멸했다는 실험결과를 얻었습니다. 또 최근의 한 연구에서는 감염병을 옮기는 바이러스의 억제 효과가 있다는 결과도 발표한 바 있습니다. 김치의 발효과정은 유익한 균이 점점 늘고 유해한 균은 사멸하는 일련의 과정이라고 할 수 있을 정도입니다.

게다가 김치유산균은 인체의 강력한 위산에서도 살아남아 대장까지 상당수 살아서 도달하는 유산균입니다. 우리 인체는 바이러스나 식중독균과 같은 유해한 세균들을 위산과 쓸개즙을 사용해 방어하는 능력을 가지고 있습니다. 바꾸어 말하면 유해한 세균들을 죽이는 위산에서도 죽지 않고 살아남을 만큼 김치유산균은 강력한 성질을 지녔다고 할 수 있습니다.

유산균의 종류는?

유산균은 젖산균(lactic acid bacteria)이라고도 부르며, 당류를 분해하여 젖산을 만드는 모든 세균을 뜻합니다. 즉 유산균과 젖산균은 같은 말입니다.

젖산은 유해균이나 병원균이 자라고 번식하는 것을 방해하는 성질을 갖고 있습니다. 이러한 성질을 이용한 식품을 발효식품이라고 하며, 김치류, 유제품(요구르트, 치즈), 양조식품(된장, 간장) 등이 있습니다.

또한 유산균은 포유류의 장에 있는 유해균이 비정상적인 발효작용을 하는 것을 방지하므로 장의 정상적인 활동과 기능을 돕습니다.

(출처 : 네이버 지식백과, 두산백과)

3. 김치에 들어있는 주요 유산균의 종류는 얼마나 되는가?

김치에는 약 30여 종류가 넘는 김치유산균이 있는 것으로 알려져 있습니다.

그러나 모든 김치에 똑같은 종류와 숫자의 유산균이 서식하는 것은 아닙니다. 발효와 숙성의 정도, 환경, 온도, 원재료와 부재료 등에 따라 그 김치에 서식하는 김치유산균의 종류는 조금씩 달라집니다. 또한 김치가 완전히 잘 익었을 때 유산균 숫자가 가장 많아졌다가, 오래되어 묵은 김치가 될수록 김치유산균 숫자는 감소합니다.

김치유산균은 유산균의 여러 종류 중 주로 류코노스톡 속과 락토바실루스 속에 속하는 유산균이 많습니다.

앞서 살펴본 유산균의 종류에 대한 설명을 바탕으로 좀 더 자세히 살펴보면 다음과 같습니다.

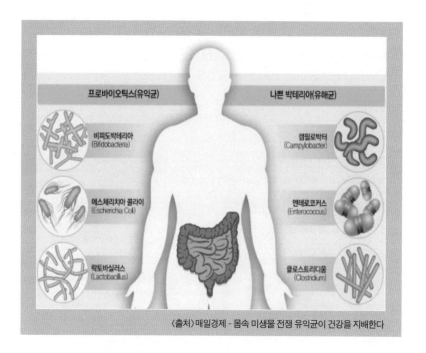

프로바이오틱스(유익균)

비피도박테리아
(Bifidobacteria)

에스체리치아 콜라이
(Escherichia Coli)

락토바실러스
(Lactobacillus)

나쁜 박테리아(유해균)

캠필로박터
(Campylobacter)

엔테로코커스
(Enterococcus)

클로스트리디움
(Clostridium)

〈출처〉매일경제 - 몸속 미생물 전쟁 유익균이 건강을 지배한다

〈김치유산균의 대표주자1 : 락토바실러스(Lactobacillus) 속〉

- 길쭉한 막대기 모양

- 김치가 잘 익어 신맛이 강하게 날 때부터 주로 생장한다.

〈김치유산균의 대표주자2 : 류코노스톡(Leuconostoc) 속〉

- 동그란 공 모양

- 김치가 익기 시작해 맛있어질 때까지 주로 생장한다.

- 식이섬유의 한 종류인 '덱스트란(dextran)'을 만드는 성질이 있다. 깍두기 등의 김치 국물이 끈적끈적한 점성을 띠면 덱스트란이 생성된 것이다. 덱스트란은 장의 기능을 도와 변비 예방과 치료에 도움이 된다.

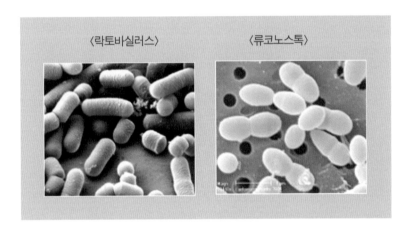

〈락토바실러스〉 〈류코노스톡〉

대표적인 김치유산균의 종류

김치를 담가 보관하면 그때부터 발효가 시작됩니다. 그런데 발효 초기에 자라는 김치유산균과 발효 후기에 자라는 김치유산균의 종류는 달라집니다.

김치가 푹 익기 전까지는 류코노스톡 속에 속하는 유산균이 주로 생장하고, 푹 익어 톡 쏘는 신맛을 내는 시점부터는 락토바실러스 속에 속하는 유산균들이 주로 생장합니다.

30여 종류가 넘는 김치유산균 중 대표적인 종류에는 다음과 같은 것들이 있습니다.

락토바실루스 플란타룸(Lactobacillus plantarum)

- 가장 대표적인 김치유산균으로 김치 발효에 가장 주된 역할을 함
- 김치가 숙성되어 신맛이 날 때(김치 발효 후반기) 생장하는 유산균
- 산성에서 살아남는 내산성 성질
- 항균물질인 박테리오신을 분비
- 인체 면역력 강화 작용이 강력함
- 장내 유해균 억제에 큰 역할을 함
- 내산성이라 위산에서도 생존력이 높아 위장의 기능을 정상화하고 장내 염증을 치료함
- 유해균 및 병원성 세균의 생장을 방해하고 사멸시켜 장내 세균의 균형에 효과
- 29~33℃의 온도에서 잘 자람
- 김치 외에도 우유, 요구르트, 치즈, 버터, 발효 곡물, 발효 빵 반죽, 피클 등에서도 발견됨
- 요구르트를 만들 때 균주로 사용함

락토바실러스 브레비스(Lactobacillus brevis)

- 김치 숙성에 중요한 역할을 하며, 주로 김치 발효 후반기에 생장함
- 김치 외에도 우유, 치즈, 빵 반죽, 독일식 김치(사우어크라우트), 피클 등 침채류, 퇴비 등에서 발견됨
- 인체 면역력 강화 및 장내 유해균 억제에 효과적
- 내산성으로 산성에 강함
- 30℃ 온도에서 잘 자람

락토바실러스 카제이(Lactobacillus casei)

- 김치와 요구르트에서 발견되는 유산균
- 내산성으로 산성에 강함
- 면역력 강화, 위장기능, 배변기능에 효과적
- 체내 유해균 억제에 효과적

락토바실러스 사케이(Lactobacillus sakei)

- 최근 한국의 김치에서 발견된 김치유산균
- 저온에서도 잘 자라는 성질
- 위장기능, 배변기능에 효과적이며 변비 치료 및 쾌변에 효과적

류코노스톡 메센테로이데스(Leuconostoc mesenteroides)

- 가장 대표적인 김치유산균
- 김치가 익기 시작하는 초기부터 가장 맛있다고 느껴지는 숙성기가 될 때까지 (김치 발효 초반기) 가장 큰 역할을 하는 유산균
- 주로 식물성 발효식품에서 발견됨
- 21~25℃의 온도에서 잘 자람
- '덱스트란' 이라는 끈끈한 식이섬유를 만들어내는 특성이 있음. 덱스트란은 각종 식품뿐만 아니라 혈전용해제를 만드는 데에도 사용됨.

류코노스톡 김치아이(Leuconostoc kimchii)

- 한국의 김치에서만 발견되는 토종 김치유산균
- 한국 김치 특유의 톡 쏘는 새콤하고 개운한 맛을 만들어내는 데 있어 주된 역할을 함
- 면역력 강화, 위장기능 강화, 항바이러스, 항암기능이 탁월함

바이셀라 코리엔시스(Weissella koreensis)

- 한국 김치에서 주로 발견되는 김치유산균
- 락토바실러스 속에서 분리된 바이셀라(Weissella) 속에 속하는 유산균
- 김치의 맛을 결정하는 데 주된 역할을 함
- 주로 식물성 발효식품에서 발견됨
- 항바이러스, 항암, 항비만 효과가 강함

페디오코쿠스 펜토사세우스(Pediococcus pentosaseous)

- 김치가 발효될 때 발견되는 주요 김치유산균
- 장내 유익균을 증가시키고 유해균을 억제하는 물질을 분비함

스트렙토코쿠스 패칼리스(Streptococcus faecalis)

- 인간을 포함한 포유류의 장에서 서식하는 유산균
- 유제품 등 발효식품에서 두루 발견됨
- 장내 유익균을 증가시키고 유해균을 저지하는 작용을 함
- 10~45℃의 온도에서 잘 자람

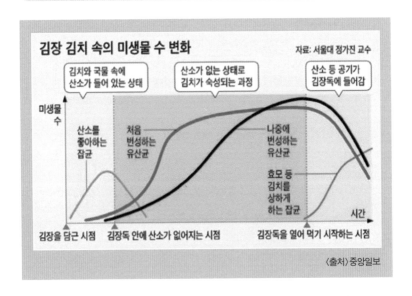

김치유산균, 1주일 숙성 땐 1억 마리

현대인 건강 문제 해결의 열쇠는 유산균

약할 대로 약해진 현대인의 장(腸). 방부제가 들어간 가공식품, 섬유질이 부족한 식단, 오염물질, 오남용이 심각한 항생제 등이 장 건강을 악화시킨 주범이다. 장에서는 유익균의 수가 감소하고 유해균의 수가 증가하는 추세. 이런 장내 세균 수의 불균형을 해소하고 질병의 예방과 치료를 돕기 위해 의학계에서 유산균 연구가 활발하다. 현대인의 건강 문제 해결의 열쇠로 주목받는 것 중 하나가 바로 유산균이다.

유산균이 각종 질병 치료에 효과적이라는 연구 결과는 많다. 영국 런던 왕립대와 스위스의 네슬레연구센터는 2008년 쥐 실험을 통해 유산균이 소장에서 지방의 흡수를 돕는 담즙산의 기능을 약하게 한다는 사실을 밝혀냈다. 지방이 소화되지 않은 상태로 위와 장을 지나가게 해 비만을 예방한다는 것이다. 독일 연방식품영양연구센터에 따르면 유산균이 감기의 지속 기간을 단축시키고 고열 등의 증상을 완화하는 것으로 나타났다. 핀란드 헬싱키대 미코 살라스푸로 교수는 2005년 락토바실러스와 비피더스균이 술과 담배에서 나오는 독소인 아세트알데히드를 분해하는 능력이 탁월하다는 연구 결과를 내놨다. 아토피 피부염 등 면역 관련 질환에도 효과적이라는 연구 결과가 있다.

물론 반론도 있다. 박수헌 가톨릭대 의대 소화기내과 교수는 '닥터 지바고'에 출연해 "면역력과 유산균은 관계가 없다"고 했다. 유산균이 장에서 감염의 저항성을 높여주지만 인체의 면역을 높여주지는 않는다는 것이다. 박 교수는 "예를 들어 후천성면역결핍증(AIDS) 환자에게 유산균을 투여했을 때 면역력이 증가했다는 증거가 없다"며 "유산균을 맹신하기보다는 치료를 위한 보조제로 적절한 양을 먹는 게 좋다"고 조언했다.

숙성 정도에 따라 유산균 수 달라져

'닥터 지바고' 제작진의 실험 결과, 김치는 숙성 정도에 따라 유산균 수가 달라진다. 막 담근 김치에서는 유산균이 g당 약 1만 마리, 7~8일 정도 숙성된 김치에서는 약 1억 마리, 1년 이상 된 묵은지에서는 약 200마리가 검출됐다. 만약 1주일된 김치를 하루 100g씩 먹으면 100억 마리의 유산균을 섭취하는 셈이다. 김치 속 유산균은 2~7도에서 50일까지 계속 증가하며, 그 이후로는 유산균이 급격히 줄어든다. 과거에는 김치 속 유산균이 위산에 약해 장까지 도달하지 못하는 것으로 알려졌다. 하지만 최근 부산대 김치연구소의 연구 결과에 따르면 김치 유산균도 거뜬히 장까지 가는 것으로 나타났다.

발효유를 마시는 것도 유산균을 손쉽게 섭취할 수 있는 방법 중 하나다. 우유를 발효시켜 만드는 발효유에 들어 있는 유산균은 막대기 모양의 락토바실러스균, 둥글게 생긴 락토코쿠스균, 비피더스균 등이 대표적이다.

장벽 강화시키는 유산균

우리 몸에는 약 100조 개의 세균이 있다. 이들의 무게를 모두 합하면 1.5kg으로 간의 무게와 비슷하다. 입 안에 수조 개, 소장에 수조 개, 대장에 수십 조 개가 있다. 장에 가장 많이 분포하는 셈이다.

장에는 영양분이 잘 소화되고 흡수되도록 수많은 주름이 잡혀 있다. 이런 울퉁불퉁한 장벽은 유해균이 달라붙기 쉽다. 장내 유익균은 불규칙한 표면의 세포돌기 틈새에 먼저 자리를 잡아 유해균이 달라붙을 공간을 없애는 역할을 한다. 유산균은 장벽의 막도 강화시킨다. 장을 덮고 있는 상피세포는 외부 환경에 노출되어 있는 피부의 일종이다. 하지만 일반적인 피부가 유해균 침입을 막는 기능만 하는 데 비해, 장 상피세포는 침입을 막는 보호 기능과 영양분 흡수 기능을 동시에 한다. 영양분이 효율적으로 흡수되도록 장 전체는 종잇장보다 얇은 한층의 상피세포가 덮고 있다. 이것이 손상되면 균이나 유해물질이 인체로 쉽게 침입할 수 있다.

출처 - 동아일보

4장

약보다
김치유산균을
섭취해야
하는 이유

1. 인체가 가진 본래의 능력을 유지해야 건강하다

왜 몸속 미생물의 환경과 균형이 중요할까요? 그것은 체외에서 침입하는 해로운 적을 적절히 막아내고 독소를 제대로 배출하는 일이 면역 시스템의 기본 역할이기 때문입니다. 그 역할을 정상적으로 수행하게 하는 것이 바로 몸속 미생물, 다시 말해 유익한 세균과 유해한 세균의 건강한 비율입니다. 유산균은 이 비율을 유지해주고 유익한 세균이 본연의 역할을 하여 인체가 원활하게 제 기능을 수행할 수 있도록 도와주는 구원병과도 같습니다.

한 예로 항생제는 인간에게 유해한 세균만이 아니라 유익한 세균마저 죽이는 결과를 낳았습니다. 더 무서운 것은 항생제에 내성을 가진 새로운 종류의 강력한 세균과 바이러스가 끊임없이 생겨나고 있다는 사실입니다. 예방약을 미처 만들어내기도 전에 계속해서 새로이 발생하고 있는 신종플루나 슈퍼박테리아가 대표적인 예입니다.

인간의 몸이 외부의 적으로부터 스스로를 지키는 힘과 시스템이 엉망이 되다 보니 현대인은 자연스레 각종 면역질환 발병률이 높아졌습니다. 요즘 아이들이 다양한 면역질환, 예컨대 아토피나 알레르기 질환에 시달리는 비율이 불과 수십 년 전보다 월등이 높아지고 있는 것도 그 때문입니다.

때문에 최신 건강 트렌드는 '어떻게 하면 증상을 없애느냐?'에서 '어떻게 하면 병을 물리칠 수 있는 인체 본연의 능력을 되살리느냐?'로 바뀌었습니다. 의사들과 의학 연구자들의 관심도 유산균의 효능에 관한 문제도 마찬가지입니다. 유산균이 몸에 좋다는 것은 이제 어린아이도 알만큼 누구에게나 상식이 되었습니다. 하지만 유산균이 좋은 기능을 가진 것과, 유산균이 사람의 몸속에 들어갔을 때 몇 퍼센트나 기능을 하느냐는 다른 문제입니다. 왜냐하면 유산균은 미생물인 동시에 다양한 성질을 지닌 수많은 종류의 유산균이 있기 때문에, 어떤 환경에 처했느냐에 따라 죽기도 하고 살기도 하기 때문입니다.

유산균이 제 효과를 낼 수 있으려면 섭취되었을 때 위산에서도 죽지 않아야 하고, 몸속에 들어가서 유익균을 증식시키는 활동을 할 수 있어야 합니다. 동물성 유산균이 여러 가지 효능에도 불구하고 인체에 들어왔을 때 그 역할을 100퍼센트 발휘하지 못한다면 소용이 없을 것입니다. 그런 점에서 유산균도 이제는 동물성에서 식물성 유산균으로, 사람의 몸속에서 활동을 잘 할 수 있는 유산균으로, 그리고 그 나라 사람들의 체질과 풍토에 맞는 유산균으로 관심의 영역이 옮겨지고 있습니다. 지금 그 한가운데 자리한 것이 바로 김치유산균이라 할 수 있는 것입니다.

2. 유산균이 제공하는 항암효과

유산균에는 암세포 및 종양의 생성과 전이를 억제하는 물질이 들어있으며, 여러 성분들은 인체의 면역기능을 자극하는 성질을 가지고 있습니다. 면역기능을 자극하고 활성화시킨다는 것은 체내 항체 생성을 돕고, 암세포를 퇴치하는 킬러세포를 활성화시켜 우리 몸의 세포가 암세포를 공격하는 활동을 돕는다는 뜻입니다.

유산균은 발암물질을 저지하는 성질을 가지고 있으며, 이미 생긴 암세포의 수가 늘어나는 속도를 줄여줍니다. 또한 화학적인 항암치료와 달리 우리 몸이 스스로의 힘으로 암세포에 대항하는 상태가 될 수 있도록 기초적인 역량을 키워주는 역할도 합니다.

꾸준하고 집중적인 유산균 섭취를 한 암환자들이 실제로 암세포 증가 속도가 줄어들거나 증세가 호전되는 사례가 다양한 국내·외 임상 사례를 통해 보고되고 있습니다. 유산균은 암세포를 물리치는 기능을 담당하는 우리 몸의 세포와 기관들이 본연의 역할을 할 수 있도록 도와주고 최적화시켜주는 역할을 합니다.

유산균의 기능

→ [인체의 킬러세포, 면역세포 활성화]

→ [킬러세포, 면역세포의 암세포 공격]

→ [암세포 증식 억제]

장내 미생물이 건강에 미치는 영향	
장 질환	장염과 같은 장 질환은 건강한 사람의 대변에서 분리한 장내 미생물을 주입하면 상당히 빠르게 호전
당뇨 · 비만	당뇨 · 비만에 걸리지 않은 사람의 대변에서 장내 미생물을 분리한 뒤 관련 질병에 걸린 사람에게 이식하면 증상 완화
발육	초파리를 대상으로 한 실험에서 장내 유익균 수를 늘리면 발육 상태가 좋아짐
동맥경화	몸 안으로 들어온 유해균이 장내에 서식하며 혈관에서 '플라크' 를 형성하고 동맥경화를 유발. 프로바이오틱스가 유해균 활동을 방어
자폐 · 우울증	장내에 존재하는 유익균을 만들어 내는 물질이 혈액에 침투해 뇌 기능 활성화

〈출처〉매일경제 · 몸속 미생물 전쟁 유익균이 건강을 지배한다

3. 줄어드는 김치 소비의 새로운 대안이 될 김치유산균

세계보건기구(WHO)의 발표에 따르면 한국은 대장암 발병률이 전 세계에서 가장 높은 나라라고 합니다. 한국인이 많이 먹는 가공음식에 든 방부제, 보존료 등은 장내 유익한 미생물을 죽이는 역할을 합니다. 최근 식품업체에서 앞 다투어 내세우고 있는 '무첨가' 라는 문구가 들어있는 식품도 상황은 다르지 않습니다. 특정 성분은 '무첨가' 되었을지 모르지만 그와 비슷한 역할을 하는 다른 첨가물이나 조절제가 반드시 들어가기 때문입니다.

우려되는 점은 이러한 유해한 환경과 잘못된 식습관에 비해 한국인의 김치 소비량 및 섭취량은 최근 들어 급속히 감소하고 있다는 점입니다. 김치에 들어있는 각종 김치유산균의 효능이 다른 나라의 발효음식 속에 든 그 어떤 유산균보다도 강력하고 효과적이라는 과학적 사실이 속속 밝혀지고 있음에도 불구하고, 김치를 멀리하고 잘못된 식습관과 생활습관을 가짐으로써 스스로 건강을 망치는 삶을 영

위하고 있습니다.

도리어 외국의 의학계와 과학계는 김치유산균에 주목하고 있습니다. 우리가 '유산균이 많이 든 요구르트' 제품들을 고르느라 애를 먹는 동안, 각계 연구자들과 건강 전문가들은 뒤늦게 김치유산균의 효능과 가능성에 새삼 놀라고 있는 것입니다.

요구르트를 비롯한 동물성 유산균 및 기존의 여러 종류의 유산균을 능가하는 김치유산균의 효능을 제대로 활용하기 위해 요즘 의학계와 과학계, 그리고 건강산업계에서는 다양한 형태의 제조법을 개발하고 있습니다.

프로바이오틱스 및 유산균 관련 건강식품산업에서 활용도가 매우 높은 한국 토종 유산균으로 국내 건강 관련 산업계에서 가장 '핫' 한 품목으로 크게 주목받고 있습니다.

4. 다양한 형태의 신개념 김치유산균

김치 유산균, 요구르트보다 효과 크다

8 NEWS 정치 합참, 긴급 작전지휘관회의 "北, 기습 도발 가능성"

출처: SBS 8시 뉴스

    김치유산균을 효과적으로 섭취할 수 있는 건강식품이 앞으로 더욱 다양하게 개발될 것으로 보고되고 있습니다.

    김치유산균은 동결건조 분말 형태나 코팅된 캡슐 형태로도 많은 특허 제품이 개발되고 있고, 김치 특유의 냄새에 부담을 느낄 수 있는 외국인이나 어린이들도 섭취할 수 있는 맛과 향을 가진 다양한 형태의 식품으로도 만들어지고 있습니다.

다양한 업계와 업체에서 가장 주력하는 것은 높은 효능을 지닌 김치유산균이 제조 과정, 유통 과정, 그리고 섭취 후 소화 과정에서 파괴되는 비율을 최소한도로 줄이는 것입니다. 통상 요구르트를 비롯한 모든 종류의 유산균 관련 제품이나 식품의 경우, 유통 과정에서 유산균이 얼마나 살아서 유지되느냐가 주요 관건입니다.

유산균은 제조와 유통기간 중에도 산 채로 보존되어야 할뿐더러, 사람이 섭취했을 때 강산성인 위산에서도 살아남아야 하며, 장에 도달하고 나서도 정상적으로 활동을 하며 증식하여 장내 유익균의 활성화를 도울 수 있어야 합니다. 그런데 이 점에 있어서 기존의 유산균 제품들, 특히 동물성 유산균 관련 제품들은 유통 과정 및 섭취 후의 과정에서 유산균이 제대로 생존했는지에 대해서는 문제점이 많았던 것이 사실입니다. 말하자면 몸에 좋은 유산균 식품이라고 해서 사먹었는데 막상 정말로 장까지 도달해 내 몸에 도움을 준 유산균의 숫자는 얼마 되지 않았던 것입니다.

김치유산균은 이 점에 있어서 매우 강점을 가지고 있는 것으로 알려져 있습니다. 식물성 유산균이자 김치 발효과정이라는 초강력 환경에서 생성되는 여러 종류의 김치유산균들은 그 어떤 유산균보다도 내열성, 내산성, 내담즙성의 성질이 강하여 열과 산에서도 끝까지 살아남아 사람의 장까지 도달하는 비율이 매우 높은 유산균이기 때문입니다. 그래서 관련 산업계에서는 유산균의 파괴를 최소화시킨 김치유산균 식품군 개발로 인하여 유럽의 요구르트 유산균 못지않은 한국 고유의 유산균 시장이 커질 것이라고 점치고 있습니다.

김치유산균은 지구상의 모든 유산균을 통틀어 효과가 탁월하고 지금도 새로운 종류의 김치유산균과 그 효능이 속속 밝혀지고 있는 단계이기 때문에, 다양한 위장 질환과 면역 질환에 시달리고 있는 한국인의 건강에 희망적인 역할을 할 것이라는 견해가 우세합니다.

무엇보다도 김치유산균은 한국인의 체질에 적합하다는 점, 화학적인 의약품이 아니기 때문에 내성이나 부작용에 대한 우려가 없다는 장점을 가지고 있습니다.

[이거 알아요?]

식물성 유산균과 동물성 유산균의 차이

유산균에는 동물성 유산균과 식물성 유산균이 있습니다.
요구르트에 들어있는 유산균은 대부분이 동물성 유산균이라고 할 수 있습니다.
요구르트는 우유를 발효시켜 만들며 우유는 동물의 몸에서 나온 물질입니다.
이러한 동물성 유산균은 단백질과 지방 성분이 발효될 때 만들어집니다.
반면 식물성 유산균은 식물에서 유래한 물질이 발효될 때 생기는 미생물입니다. 우리나라 전통음식의 대다수를 차지하는 발효음식, 즉 김치나 장류에 들어있는 유산균이 바로 대표적인 식물성 유산균이라고 할 수 있습니다.

유산균은 동물성과 식물성을 막론하고 사람의 몸에 유익한 기능을 많이 가지고 있습니다. 그런데 경우에 따라서는 식물성 유산균의 기능을 더 높이 평가하는 견해도 있습니다. 식물성 유산균이 동물성 유산균보다 높이 평가받는 근거에는 다음과 같은 것들이 있습니다.

- 열과 산에 강함
식물성 유산균은 동물성 유산균에 비해 산성과 열에 강합니다. 산성에 강하다는 것은 사람의 위장에서 나오는 강력한 위산에서도 죽지 않고 살아남는 비율이 높다는 뜻입니다.

- 장까지 살아서 가는 생존력
동물성 유산균의 대부분이 위장에 도달했을 때 위산을 만나 죽는 반면, 식물성 유산균은 70퍼센트 이상 죽지 않고 살아서 장에 도달합니다.

- 활동성
식물성 유산균은 산과 열에 강하기 때문에 활동성이 더 높고 유해물질이나 독소를 분해하는 능력도 뛰어납니다.

- 유해균 파괴
식물성 유산균은 병원균, 부패균 등 인체에 유해한 미생물을 파괴하거나 억제하는 기능이 더 탁월합니다.

〈식물성 유산균과 동물성 유산균의 차이〉

분 류	식물성 유산균	동물성 유산균
서식장소	채소, 과일, 곡류, 장류	우유, 유제품
위액 생존률	90% 이상	20~30%
종류	200여종	10여종
환경	고염도, 저영양 환경에서도 생존	영양분이 풍부하고 균형이 맞는 곳에서만 생존
식품	김치, 절임류	요구르트, 유제품
150ml 당 열량	57~95kcal	135~150kcal

〈출처〉일본유산균식품학회지

5장

김치유산균으로
건강을
되찾은
사람들

1. 암세포의 인체공격력을 무력화시키는 유산균에 대한 일본 임상사례

일본의 장내 세균 연구자인 미즈타니 타케오의 저서에 소개된 여러 임상 보고에는 다양한 종류의 암환자들이 유산균 섭취 후 증세가 호전되었다는 결과가 나와 있습니다.

일본의 50대 백혈병 여성 환자의 경우 항암치료 효과가 거의 없고 증세가 악화일로에 있던 중 유산균 섭취를 시작, 그 후 2년쯤 지나자 혈소판 수치가 올라가 항암치료를 중단하고도 컨디션이 호전되었다는 사례가 임상적으로 보고된 바 있습니다.

이 환자가 섭취한 것은 정확히 말해 유산균이 아니라 유산균 생성물질이라고 불리는 것입니다. 유산균 생산물질, 혹은 유산균 생성물질이란 유산균 자체를 말하는 것이 아니라 유산균이 증식할 때 만들어지는 물질을 뜻합니다.

가루 형태로 제조한 유산균 생성물질은 유산균 자체의 효과를 제대로 얻기 위해 개발한 일종의 건강식품이라 할 수 있습니다. 유산균 생성물질은 대두를 발효시켜 만드는데 아미노산, 펩티드, 이소플

라본, 사포닌, 비타민, 미네랄, 지방산, 핵산 등의 성분을 지니고 있습니다.

유산균 생성물질은 요구르트 같은 동물성 유산균의 경우 아무리 많이 섭취하더라도 위에서 위산을 만나 상당수 죽기 때문에 유산균 본연의 효과를 제대로 보기 어렵다는 데서 착안하여 개발한 건강보조식품입니다. 건강산업 분야에서는 이처럼 유산균의 효과를 제대로 얻을 수 있는 다양한 형태의 유산균 제품들을 개발하고 있습니다.

일본의과대학의 이마죠 토시히로 교수의 경우 유산균의 스트레스 경감 효과를 동물실험으로 밝혀낸 바 있습니다. 실험용 쥐를 두 무리로 나누어 실험군에는 유산균 생성물질이 든 먹이를 주고 대조군에는 일반 먹이를 각각 4주간 준 후, 5분 동안 움직이지 못하게 하는 스트레스를 주어 스트레스 관련 유전자에 어떤 변화가 나타나는지를 실험한 것입니다. 그 결과 유산균 생성물질을 섭취시킨 쥐들의 경우 그렇지 않은 쥐들에 비해 스트레스 관련 유전자가 적게 나타난 것을 확인할 수 있었습니다. 이마죠 토시히로 교수는 유산균을 섭취한 쥐들의 경우 흥분 세포 활성화가 덜 일어나고 스트레스를 경감시키는 부교감신경 활성화가 더 잘 일어났다고 밝혔습니다.

이처럼 일본에서는 유산균 생성물질을 집중적으로 섭취한 암 환자, 면역질환 환자, 간질환 환자 등 각종 질환 환자들의 뚜렷한 호전 사례가 적지 않은 기간 동안 임상적으로 연구 및 보고되고 있습니다.

2. 아토피 피부염에서 해방되어 뽀얀 새살이 돋은 아기

(2세, 여자)

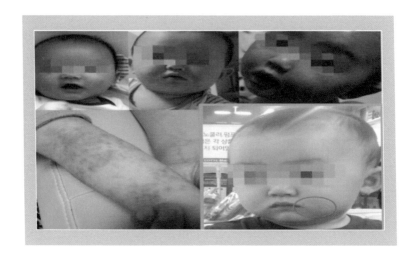

우리 아기는 생후 1개월이 되지 않았을 때부터 태열 증상이 심하게
나타나서 우리 부부의 애를 태웠습니다. 처음에는 얼굴의 뺨 쪽에 붉
은 발진이 번지기 시작해 점점 목덜미 쪽으로 번졌는데, 신생아 때의
일시적인 태열 증상일 줄 알았으나 시간이 지나도 나아질 기미가 보
이지 않고 오히려 발진이 번지며 아기가 심하게 가려워하는 것을 알

수 있었습니다.

말 못 하는 아기가 어찌나 가려워하는지 자꾸 손으로 긁으려고 하여 자기 얼굴에 상처를 내기 일쑤여서 손싸개로 손을 싸두었으나 밤새 잠을 이루지 못한 채 울고 보채어 온가족이 괴롭고 마음 아팠습니다. 당연히 소아과 병원을 찾아가 아기용 아토피 연고를 꾸준히 발라주었으나 일시적으로 차도가 있는 듯했다가 며칠 후면 다시 가려워하고 발진도 오히려 더 번지는 것 같았습니다. 어른들 이야기로는 태열이 신생아에게 흔한 질환이므로 차차 나아질 것이라고 하였으나 생후 3개월에 접어들도록 오히려 발진과 가려움이 악화되고 습진과 진물도 생기는 것을 볼 수 있었습니다.

더구나 우리 부부는 둘 다 알레르기 체질을 가지고 있고 평소에 계절성 비염과 피부염이 있었기 때문에 첫아이에게 이런 증상이 나타나자 부모에게서 유전적으로 물려받은 체질 때문인 것 같아 죄책감이 느껴지고 아기에게 미안했습니다.

영유아의 아토피에 좋다는 수많은 책과 정보를 찾아보고 고민하던 중 김치유산균이 알레르기와 아토피에 효과적이고 무엇보다도 어린 아이들도 쉽게 섭취할 수 있다는 이야기를 듣고 당장 섭취를 시키기 시작했는데 섭취 후 보름 쯤 지나자 정말로 아기가 가려워하는 것이 줄어들고 붉은 발진도 점차 연해지는 것을 볼 수 있었습니다. 그렇게 해서 두 달쯤 지나자 얼굴의 발진과 습진이 거의 사라지고 아기다운

뽀얀 젖살이 피어나면서 밤에도 보채지 않고 잘 자게 되었고 이후에 이유식도 잘 먹게 되었습니다.

이렇게 김치유산균 섭취와 더불어 이유식 식단을 주의하고, 화학적인 성분이 들어있는 옷이나 비누 등을 철저히 쓰지 않는 등 외부 환경에도 매우 주의하였으며, 아기뿐만 아니라 부모인 우리 부부도 함께 김치유산균을 섭취하면서 가족 전체의 건강이 전반적으로 호전되는 것을 온몸으로 느낄 수 있었습니다.

그 후 2세가 된 지금은 더 이상 아토피 피부염이 재발하지 않고 건강을 되찾게 되었으며 더불어 환절기마다 비염이나 피부건조 등으로 고생하던 우리 부부의 건강도 예전에 비해 확연히 나아졌습니다. 김치유산균으로 인해 아기와 온가족의 건강을 되찾게 된 것 같습니다.

3. 지긋지긋한 알레르기와 지루성 피부염에서 벗어나다

(39세, 남성)

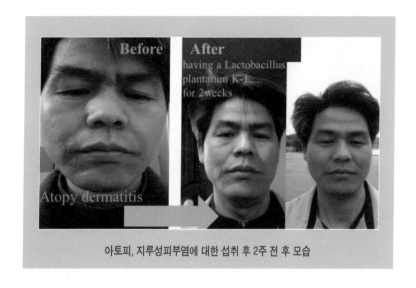

아토피, 지루성피부염에 대한 섭취 후 2주 전 후 모습

매년 봄가을 환절기만 되면 저를 지긋지긋하게 괴롭히는 주범은 바로 피부염과 알레르기성 비염이었습니다. 늘 콧물이 흐르거나 재채기를 하고 비염이 심해 평생 이비인후과에 다녔으나 약에 내한 내성이 생기면서 약효가 강한 약을 먹어도 그때뿐이고 약을 끊으면 바

로 알레르기 비염과 피부염이 재발되는 것을 경험했습니다.

피부염 중에서도 피부가 접히는 곳이 극심하게 가려웠으며, 특히 지루성 피부염이 심각해서 평소 머리 윗부분의 두피가 무척 가려워 자주 긁게 되고 비듬이 많이 생겼으며 증상이 심할 때는 머리카락이 많이 빠지고 머리카락의 윤기도 사라져 스트레스를 많이 받았습니다. 피부과에 수시로 가서 두피의 가려움에 듣는 연고와 먹는 약을 처방받았으나 일시적인 효과만 있을 뿐 치료는 좀처럼 되지 않았고 약을 줄이는 순간부터 다시 고통스러울 정도로 두피가 가려워지는 것이 반복되었습니다. 또한 두피 클리닉에도 가 보았으나 역시 장기적인 해결책은 찾지 못하였습니다.

알레르기와 지루성 피부염에 좋다는 민간요법이나 건강제품을 알아보기도 했으나 평생 약에 질려 있던 저에게는 그리 믿음이 가지 않았고, 실제 일상생활에서 꾸준히 실천하기가 매우 어려울 것 같았습니다. 그래서 맨 처음 김치유산균 섭취를 권유받았을 때도 효과가 있을 것이라고는 거의 믿지 않았습니다.

그런데 김치유산균을 섭취하고 나서 딱 3주가 지난 어느 날, 두피가 전처럼 가렵지 않다는 느낌을 받고 깜짝 놀랐습니다. 가려운 정도가 확실히 덜해져 머리를 감고 나서도 여전히 가려운 느낌이 드는 증상이 사라져 오랜만에 개운한 느낌을 받았으며, 두피뿐만 아니라 피부의 다른 부위도 가려움이 덜해지는 것을 발견하였습니다. 또한 환절기가 되었는데도 코가 꽉 막히거나 재채기가 발작하듯이 나오는 증상이 줄어들어 모처럼 편안함을 느낄 수 있었습니다.

그 후 꾸준히 매일 김치유산균을 섭취하여 5개월이 지난 지금은 눈으로도 확실히 보일 정도로 피부의 전반적인 상태와 컨디션이 호전되었습니다. 주변 사람들로부터 안색이 좋아 보인다는 이야기를 자주 들었고, 두피의 피부염이 완화되어 머릿결이 건강해지고 머리카락 빠지는 정도가 줄어 숱이 많아지면서 전반적인 인상도 건강해 보인다는 것을 알 수 있었습니다. 피부의 건강이라는 것이 여성뿐만 아닐 남자에게도 중요하다는 것을 알 수 있었고, 몸 안쪽이 건강해지자 피부의 염증도 호전된다는 것을 몸소 경험하였습니다.

지금은 매일 꾸준히 김치유산균을 섭취하고 운동도 규칙적으로 하며 건강을 관리하면서 전보다 더 건강한 일상을 누리고 있습니다.

4. 밤잠을 못자며 긁어대던 아토피에서 해방된 아이

(11세, 남자)

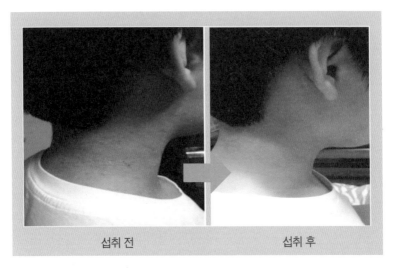

섭취 전   섭취 후

저희 아이는 서너 살 무렵부터 아토피 피부염이 눈에 띄게 심해지기 시작하였습니다. 만 2세가 지나면서부터 목이 접히는 부분이라든가 팔이 접히는 부위, 무릎 뒤쪽의 오금 등 살과 살끼리 자주 닿는 부위마다 땀띠나 습진 같은 피부염이 점차 심해지는 것을 발견할 수 있었습니다.

처음에는 그저 가벼운 습진인 줄 알고 어린이용 연고를 처방받아 발라주었으나 점차 증세가 심해지면서 가려운 부위가 몸 전체로 번지고 연고도 점점 효과가 떨어졌습니다. 특히 땀이 많이 나는 한여름과 계절이 바뀌는 환절기에는 땀띠와 습진이 심해져 병원에 가서 진단을 받은 결과 아토피 피부염이라는 이야기를 듣게 되었습니다.

병원을 지속적으로 다니고 식단을 조절하고 아토피에 좋다는 온갖 민간요법을 두루 섭렵하였으나 아이의 피부는 나아질 기미를 보이지 않았습니다. 더구나 학령기 무렵부터는 아토피뿐만 아니라 비염 증상이 나타나 늘 콧물과 재채기를 달고 살아 아이가 무척 괴로워하였습니다.

병원에서는 효과가 좋다는 바르는 약과 먹는 약을 처방해주었지만 처음 바르고 복용했을 때 일시적으로 효과가 있었다가 계절이 바뀌기만 하면 또 다시 증상이 악화되어 잠시도 안심할 수가 없었습니다. 무엇보다도 아이가 피가 날 때까지 피부를 긁느라 잠을 이루지 못할 정도로 고통스러워하였고 낮보다 밤에 더 괴로워하므로 부모도 차마 그 모습을 보기 힘들 정도였습니다. 아토피를 악화시키는 요인을 제거하기 위해 식단을 엄격하게 조절하였으나 아이의 편식이 심하여 쉽지 않았고, 어린이도 편히 섭취할 수 있는 건강식품을 찾기도 쉽지 않았습니다.

그러던 중 김치유산균을 섭취시켜보라는 권유를 받고 지푸라기라도 잡는 심정으로 시도를 해보았는데, 처음에는 김치와 채소를 유난히 싫어하는 아이라 과연 잘 먹일 수 있을지 반신반의하였습니다. 그러나 편견과는 다르게 김치 특유의 냄새도 나지 않고 아이가 별 거부감 없이 간식 삼아 먹는 것을 보고 다행이라고 생각했습니다.

그렇게 김치유산균을 섭취시키기 시작, 2주쯤 지나자 아이의 목덜미와 팔다리의 살이 접히는 부위의 붉은 발진과 각질이 조금씩 호전되는 것을 눈으로 확인할 수 있었고 아이도 피부를 긁느라 괴로워하는 정도가 확연히 줄어들었습니다.

김치유산균의 효능을 점점 확신하게 되어 꾸준히 먹이고 석 달 쯤 지나자 그렇게 심하던 아토피에서 거짓말처럼 해방되었습니다. 게다가 유아기 때부터 줄곧 환절기마다 비염이 심해지기 시작해 작년까지는 1년 내내 코를 찡찡거리고 재채기를 자주 하곤 하였으며 겨울이나 환절기에 코감기에 특히 잘 걸리곤 하였는데, 김치유산균을 먹이고 나서 지난 겨울에는 감기에 걸리지 않고 콧물도 전보다 심하지 않은 상태로 무사히 보냈습니다.

아이는 김치유산균을 꾸준히 섭취한 이후 아토피 피부염뿐만 아니라 전반적인 체질이 개선이 되면서 비염과 각종 알레르기 증상도 함께 나아지는 조짐을 보였습니다. 김치는 무척 싫어하며 먹지 않는 아이이지만 김치유산균은 간식처럼 먹으니 안심이 되었습니다. 코가 편안해지고 아토피로 늘 붉고 각질이 떨어지던 피부도 보얗고 건강한 어린아이의 피부로 돌아와 아이의 성격마저 밝아지게 되었습니다.

5. 만성 위장병, 소화불량, 장염을 이겨내다

(49세, 여성)

처녀 때부터 만성 위장병과 소화불량에 항상 시달려 늘 소화제를 달고 살아왔습니다. 또한 장이 민감해 설사와 변비를 되풀이하였고 조금만 스트레스를 받아도 변비 때문에 며칠 동안 변을 제대로 보지 못하거나, 혹은 반대로 급작스러운 설사로 화장실을 자주 가는 날도 많았습니다. 조금만 과식을 하거나 기름진 것을 먹으면 즉시 속이 더 부룩하고 가스가 차며 소화가 되지 않았고, 더불어 위하수 증상도 있어 늘 뱃속이 답답하고 명치끝도 눌리는 듯이 불쾌한 느낌이 들곤 하였습니다.

이처럼 위장이 늘 안 좋은 데다 살림을 하며 제 몸을 제대로 챙기지 못해 가족들이 남긴 음식을 폭식을 하거나 제 몸에 좋은 것을 찾아 먹기가 어려웠습니다. 그러다 보니 늘 안색이 안 좋고, 피부에는 트러블이 자주 일어나 좋은 화장품을 발라도 소용이 없고, 항상 더부룩하거나 가스가 차면서 만성피로를 느끼는 날이 많았습니다. 주부로서 운동요법이나 식이요법을 제대로 실천하기도 어렵기 때문에 다양한 건강식품에 대해 알아보기 시작했습니다. 몸에 좋다는 건강식품이란 식품은 거의 다 섭렵하다시피 하였으나 뚜렷한 효과를 본 적이 별로 없어 건강식품의 효능이라는 것에 대해 매번 실망하고 말았습니다.

그러던 중 유산균에 대해 관심을 갖게 되고 우연히 김치유산균에 대해 알게 되면서 실제로 섭취를 시도해 보게 되었습니다. 평소 매운 음식을 좋아하고 김치도 좋아했기 때문에 김치유산균에 대해서도 거부감은 없었으나, 막연히 김치 맛이 강할 것이라고 생각했던 것과는 달리 강렬한 맛이나 냄새가 나지 않아 오히려 수월하게 섭취할 수 있었습니다.

김치유산균을 먹기 시작하고 나서 한 달쯤 지나자 평생을 괴롭히던 더부룩함과 소화불량이 사라진 느낌이 들었을 뿐만 아니라 번갈아가며 저를 괴롭히던 변비와 설사 증상이 줄어들면서 정말 오랜만에 건강한 변을 볼 수 있게 되어 무척 놀라웠습니다. 이처럼 위와 장이 편안해지자 몸이 무척 가벼워지고 아침마다 상쾌함과 개운함을 느끼며 일어날 수 있었고, 속이 편해지면서 오히려 폭식이나 과식을 하지 않게 되고 너무 기름지거나 자극적인 음식도 스스로 자제하게 되면서 더욱 효과가 있었습니다. 지금은 음식조절과 함께 김치유산균 섭취를 꾸준히 하면서 살면서 처음으로 건강한 나날을 보낼 수 있게 되었습니다.

6. 고혈압, 당뇨 환자의 혈당수치가 안정권에 들어서다

(57세, 남성)

저는 30대라는 젊은 나이부터 이미 고혈압과 당뇨 판정을 받고 평생 고생을 해왔습니다. 콜레스테롤 수치도 비정상적으로 높아 병원으로부터 건강에 대한 경고를 자주 받았습니다. 나이가 들면서부터는 전립선 쪽에도 질환이 생기면서 소변을 볼 때마다 잔뇨감 때문에 고통스럽고 하복부 통증도 심해지면서 늘 몸이 불편하고 불쾌한 상태가 이어졌습니다. 당뇨 또한 중년이 지나면서 증상이 심해져 때로는 공복혈당 수치가 300이 넘을 정도로 높아졌으며 이로 인해 평소 피로감도 극심했습니다.

건강을 관리해야 한다는 것을 알고 건강 검진 때마다 의사로부터 주의도 많이 받았으나, 직장인으로서 사회생활을 해야 하는 특성상 음주, 흡연, 회식문화 등에서 자유로울 수 없었고 운동이나 식이요법은 거의 실천하지 못한 채 불규칙한 생활을 해왔습니다.

다만 건강에 대해 예민할 수밖에 없기 때문에 건강제품에 대해서는 관심을 가지고 여러 종류의 건강제품이나 영양제를 섭취해보았으나 뚜렷한 효과를 경험하지는 못한 채 매번 흐지부지 섭취를 중단하는 일이 반복되었습니다.

그러던 중 아내의 권유로 김치유산균을 섭취하게 되었는데 다른 건강제품이나 영양제에 비해 부담 없이 매일 섭취하기가 수월하였습니다. 한 달쯤 지났을 때 평소보다 속이 편하고 예전보다 변상태가 건강해졌다는 것을 확실히 느낄 수 있었습니다. 그 후 매일 꾸준히 김치유산균을 섭취, 6개월쯤 지났을 때 어느덧 만성피로감은 줄어들고, 과체중이었던 체중이 정상치보다 약간 높은 정도로 줄어들었으며 허리둘레 치수도 줄어들었습니다. 이에 탄력을 받아 더욱 꾸준히 섭취를 하면서 전보다 먹는 것도 조심하고 음주도 되도록 줄여나가기 시작했습니다.

그 후 얼마 지나지 않아 정기 건강검진을 실시했을 때 놀라운 수치를 확인할 수 있었습니다. 혈당 수치가 115mg/dl까지 떨어지는 등 예전에 비해 확연히 안정권에 들어선 것입니다. 게다가 전립선 질환으로 인한 아랫배 통증과 소변 볼 때의 잔뇨감도 거의 사라져 있었습니다. 당연히 화장실에서 나올 때마다 편안함을 느끼게 되었고, 주변 사람들로부터 혈색과 안색이 좋아 보인다는 이야기를 듣게 되었습니다. 늘 건강의 위협으로 작용했던 고혈압 수치도 정상치로 돌아와, 최고 혈압은 160에서 129로, 최저혈압은 87까지 내려온 것을 확인하였습니다.

김치유산균을 섭취한 이후 1년이 지나기 전에 고혈압과 당뇨 수치가 안정권에 들어서고, 피로감이 개선되며, 위장이 편안해지는 놀라운 경험을 하였습니다. 한국인의 영혼의 음식인 김치를 좋아했지만 이제는 김치유산균을 더 좋아하게 되었습니다.

6장

김치 유산균, 무엇이든 물어보세요!

Q 1. 재래식 김치와 시판 김치는 유산균 종류도 다른가요?

A 다를 수 있습니다. 앞서 설명한 것처럼 지금까지 알려진 김치유산균의 종류는 알려진 것만 약 30종에 달합니다.

김치유산균의 종류와 효능에 대해서는 국내 학계에서의 연구가 이루어지기 시작한 것이 비교적 최근의 일입니다. 그런데 연구자들도 김치의 원료에 따라, 양념에 따라, 숙성 정도에 따라, 맛에 따라, 재료의 원산지에 따라, 계절에 따라, 어디에 어떻게 보관하느냐에 따라 김치유산균의 종류가 절대 같지 않으며 무궁무진한 다양성이 있다는 점에 놀라곤 합니다.

같은 김치라 하더라도 집집마다 손맛이 다르고, 염도나 감칠맛이 다르다는 것을 한국인이라면 잘 알 것입니다. 또 같은 사람이 담근 김치라 하더라도 계절에 따라, 재료에 따라, 그 해의 채소의 상태에 따라, 온도나 습도 등 날씨와 기후에 따라, 양념의 비율 차이에 따라, 그리고 보관 방법에 따라 맛이 달라지더라는 것을 경험으로 알 것입니다.

요즘에는 집에서 담근 김치보다 대량생산되는 시판 김치에 대한 소비량이 늘고 있습니다. 집에서 담가 김장독에 보관하던 김치와 마트에서 구입해 김치냉장고에 보관한 김치의 맛이 확연히 다른 것처럼, 김치에 들어있는 김치유산균의 종류도 그에 따라 달라집니다. 또한 똑같은 브랜드의 시판 김치라 하더라도 제조일과 유통기간과 구입 시기에 따라 숙성 정도가 시시각각 달라지면서 김치유산균의 분포도 달라질 것입니다.

Q 2. 김치를 많이 먹으면 김치유산균을 많이 섭취할 수 있나요?

A 김치를 평소에 꾸준히 먹는 습관을 가지는 것은 좋지만, 어떤 김치를 어떻게 먹느냐도 중요합니다.

잘 숙성된 김치와 그렇지 않은 김치는 김치유산균의 숫자도 다릅니다. 그러므로 무조건 김치를 많이 먹는다고 해서 김치유산균을 더 많이 섭취하게 되는 것은 아닙니다. 또한 김치를 지나치게 과다 섭취할 경우 염분도 과다 섭취하게 될 가능성이 높아지기 때문에 고혈압 등 특정 질환이 있다면 이를 주의해야 할 것입니다.

김치는 숙성된 정도와 기간에 따라 그 속에 든 김치유산균의 종류와 숫자, 비율이 시시각각 변화합니다. 예를 들어 김치가 푹 익기 전까지는 주로 류코노스톡 속의 김치유산균이 많지만, 푹 익고부터는 주로 락토바실러스 속의 김치유산균이 많아집니다. 유산균의 종류와 분포 비율이 달라지며, 그에 따른 효능도 달라진다는 이야기입니다.

그런데 예전에는 겨울이 시작될 때 김장김치를 담가 겨우내 먹으면서 그 숙성 정도에 따라 서서히 달라지는 다양한 김치유산균을 섭취할 수 있었다면, 요즘에는 냉장고의 발달 등으로 인하여 담근 지 오래 되지 않은 김치를 사계절 먹을 수 있게 되었습니다. 더구나 최근에는 지구온난화로 인해 한반도의 기후가 급격히 변하고 채소 재배지역의 북방한계선도 변화하면서 김치를 해먹는 원재료의 종류와 성질, 재배환경도 달라지고 있습니다.

이는 김치를 통해 섭취하는 주된 김치유산균의 종류가 예전과 달라지며 계속 변화하고 있다는 뜻입니다. 그래서 어떤 김치를 먹느냐에 따라 섭취하는 김치유산균의 종류와 숫자가 달라진다고 할 수 있습니다.

Q 3. 오래 익힌 묵은지 김치도 김치유산균이 많은가요?

A 언제부턴가 김치찌개나 김치찜 등을 내놓는 대중음식점을 중심으로 오래 묵힌 김치, 즉 묵은지가 일반 김치보다 맛있으며 건강에도 좋은 것으로 대중에게 알려져 왔습니다.

그러나 미생물학과 영양학의 측면에서 보면 담근 지 한 달 정도 된 잘 숙성된 김치에 비해 묵은지에 들어 있는 김치유산균은 그 숫자가 현저히 적은 것으로 알려져 있습니다.

묵은지의 사전적 의미는 '오래된 김장 김치' 라는 뜻입니다.

좀 더 정확히 말하면 김장을 하기 전에 양념을 김장김치보다 덜 강하게 넣고 담근 후 이것을 저온에서 6개월 이상 저장한 김치가 묵은지입니다. 묵은지를 담가 먹은 이유는 김장한 지 6개월쯤 지난 시점, 즉 여름철에 김장김치와 비슷한 맛을 즐길 수 있었기 때문입니다. 대개 숙성 기간이 긴 묵은지는 한 번 씻어서 찌거나 싸서 먹고, 그보다 짧은 묵은지는 김치찌개용으로 먹는 경우가 많습니다.

이러한 묵은지는 일반 김치와 다른 깊은 맛으로 인해 별미로 여겨졌는데, 여러 대중음식점에서도 '몇 년 이상 숙성한 묵은지' 라는 문구를 강조하며 그 맛과 영양을 내세운 것입니다.

그러나 묵은지라고 해서 김치유산균 자체가 더 많이 들어있는 것은 아닙니다. 이것은 맛과 별개로 유산균의 숫자 자체만을 이야기하는 것입니다.

일반적으로 잘 숙성된 김치, 즉 톡 쏘는 맛을 내며 한창 잘 숙성된 김치에는 그람 당 1억~10억 마리에 달하는 김치유산균이 들어 있습니다. 반면 묵은지에는 숙성 기간에 따라 다르기는 하지만 평균 1천만 마리 정도의 김치유산균이 들어 있습니다.

잘 숙성된 일반 김치에 비해 현저히 적은 숫자라는 것을 알 수 있습니다.

그 이유에 대해 연구자들은 긴 보관 기간 동안 유산균이 서서히 죽기 때문이라고 설명합니다. 김치유산균은 열과 산에 강한 초강력 유산균이지만, 어디까지나 미생물이기 때문에 최적의 생존 기간을 초과하게 되면 자연스럽게 사멸하기 시작한다는 것입니다. 묵은지는 오랜 시간 동안 저온의 산성 환경이 지속되는 것이기 때문에 유산균도 점차 지쳐서 죽어가게 됩니다. 그래서 묵은지에는 일반 김치보다 김치유산균 숫자가 훨씬 적은 것입니다.

즉 무조건 오래된 김치라고 해서 김치유산균도 많이 들어있는 것은 아니라는 것을 알 수 있습니다. 유산균을 충분히 섭취하기 위해서는 기간보다는 발효의 정도와 상태를 좀 더 고려해야 할 것입니다.

Q4. 왜 한국인에게 요구르트 유산균보다 김치유산균이 좋은가요?

A 서양인은 육류와 유제품 섭취에 적합한 장을 가진 반면, 한국인은 채소와 곡식 섭취에 적합한 장을 가지고 있습니다.

한국인은 전통적으로 오랜 세월 농경생활을 해오며 채소와 곡식을 육류보다 많이 먹었으며, 그에 비해 서양인이 많이 섭취한 유제품은 거의 섭취하지 않고 살아왔습니다. 채소에는 섬유질이 많기 때문에 이를 소화시키기 위해서는 장의 길이가 길어져야 했습니다. 그 결과 한국인은 서양인보다 장의 길이가 길어지게 된 것입니다.

또한 유제품 섭취의 역사가 별로 없었기 때문에 유제품의 단백질과 지방을 소화하지 못하거나 어려움을 겪는 위장을 선천적으로 가진 사람들이 많습니다. 유산균을 섭취하기 위해 유제품을 먹긴 먹었으나 유산균으로 얻는 득보다 유제품으로 얻는 실이 더 많은 것은 이 때문입니다.

장의 길이가 다르다는 데서 건강을 유지할 수 있는 관점이 달라지리라는 것을 알 수 있습니다. 장은 음식물의 소화, 흡수, 배설을 담당하는 기관이자 독소를 제거하는 기관입니다. 독소를 제대로 제거하기 위해서는 장내 유익균이 본연의 역할을 할 수 있어야 하는데, 유익균이 제 역할을 못할 때 면역력이 떨어지며 온갖 질병에 취약해집니다.

이러한 기능에 직접적인 영향을 끼치는 것이 유산균입니다. 즉 유산균을 섭취하는 것으로 끝나는 것이 아니라 어떤 유산균을 얼마나 섭취하느냐가 더 중요합니다.

한국인은 서양인보다 장이 길기 때문에 더 많은 유산균을 섭취해야 하거니와, 장까지 도달하는 비율이 높은 식물성 유산균을 섭취해야 합니다. 김치, 된장, 간장 등 우리나라 전통 음식 중에 발효음식이 유독 많은 것을 보면 조상들은 우리 몸에 맞는 음식이 무엇인지를 오랜 세월의 지혜를 통해 터득했음을 알 수 있습니다.

긴 길이를 가진 장에서 오래 살아남을 수 있는 유산균, 그리고 거기까지 무사히 살아서 도달할 수 있는 유산균은 서양인이 섭취하는 유산균과 같을 수 없습니다. 때문에 동물성 유산균보다 식물성 유산균이 한국인에게 더 적합하며, 그중에서도 김치유산균의 풍부한 효능이 한국인의 건강 증진에 큰 도움이 된다고 할 수 있습니다.

Q 5. 김치유산균은 정말로 위산에 의해 파괴되지 않나요?

A 　도쿄대 의학박사 후지타 고이치로는 요구르트 유산균은 특히 사람 몸의 위산에 약해서 위를 통과해 장까지 생존해서 도달하는 유산균은 10퍼센트에 불과하다고 밝혔습니다.

즉 아무리 유산균이 많이 든 요구르트를 섭취했다 하더라도 위를 지나면서 대부분이 사체가 되며, 장에 도달한 유산균은 살아있는 유산균이 아니라 유산균의 사체가 90퍼센트를 차지한다는 것입니다.

다만 일부 학자들은 유산균의 사체만으로도 장내 유익균의 활동에 자극을 주기 때문에 죽은 유산균이라고 해서 효과가 전혀 없는 것이 아니라고 설명합니다.

그렇다면 요구르트 유산균과 달리 장까지 살아서 가는 비율이 높은 유산균이라면 장 건강에 더욱 뚜렷하고 확실한 도움을 줄 수 있을 것입니다.

그래서 국내외의 수많은 요구르트 업체들에서는 장까지 살아서 가는 유산균 개발에 주력해온 것입니다.

그런데 유산균의 생존과 효능에 있어 간과해서는 안 되는 또 한 가지 포인트는 자신의 몸과 체질에 맞는 유산균이어야 한다는 점입니다.

사람의 장은 생후 1년이 되기 전에 유해균과 유익균이 적정 비율로 형성됩니다. 장내 미생물의 비율과 숫자와 종류는 대략적으로는 모든 사람이 비슷하지만, 사실은 사람마다 미세하게 차이가 나며, 체질과 환경과 식습관에 의해서도 달라집니다.

또한 좋은 유산균이라 할지라도 그 사람의 몸에 맞지 않으면 유익균이 아니라 유해균처럼 처리되기도 합니다.

예를 들어 한국인의 몸속 미생물 환경과 서양인의 몸속 미생물 환경은 같지 않으며, 이는 곧 한국인의 장이 필요로 하는 유산균과 서양인의 장이 필요로 하는 유산균이 같지 않다는 뜻이기도 합니다.

강산성 성분인 위산에서 동물성 유산균은 10~30퍼센트만이 살아남는 반면, 식물성 유산균은 90퍼센트 이상 생존하는 것으로 알려져 있습니다.

특히 김치유산균은 마늘, 생강, 고추 같은 극한 환경에서도 살아남는 미생물이라는 점에서 다른 식물성 유산균보다 월등한 활동력을 갖고 있습니다.

한 임상연구 결과에 따르면 김치를 매일 꾸준히 섭취한 실험군과 섭취하지 않은 대조군을 비교했을 때 장내에서 락토바실러스, 류코노스톡 등의 김치유산균 수치가 확연히 늘고 유해균 및 유해효소의 수치는 줄어든 것으로 밝혀졌습니다. 김치라는 식품을 통해 섭취한 김치유산균이 위를 지나 장까지 도달해 수치로 증명된 것이라 할 수 있습니다.

우리가 매일 먹는 김치에도 건강이 들어있다

　필자는 적지 않은 세월 동안 효소에 대해 연구하고 효소의 효능에 대해 알리는 저술활동을 활발히 왔습니다. 또한 우리나라의 독자들과 남녀노소 다양한 사람들이 일상생활 속에서 좀 더 건강해지는 방법을 숙지해두고 생활 속에서 실천할 수 있는 방안에 대하여 끊임없이 고민해 왔습니다.

　비타민, 아미노산, 식이섬유, 항산화제가 각각 제 기능을 할 수 있게 만드는 효소의 효과와 기능에 대해, 그리고 면역력 향상, 당뇨와 비만, 노화, 암 등 다양한 질병이나 질환을 개선시키거나 치유할 수 있는 대체요법으로서 효소치료에 대해 더 많은 분들이 쉽게 이해할 수 있도록 연구하고, 논문과 책을 쓰고, 온라인과 오프라인을 통해 독자들과도 소통하고 있습니다.

　이처럼 효소 연구 외길을 걸어오며 효소의 효능에 대해 지식을 전

달하는 가운데 과학 연구자로서 주목하지 않을 수 없었던 것이 바로 김치유산균이었습니다. 김치유산균의 효능과 기능이 학계의 관심을 받고 본격적으로 연구된 기간은 길지 않은 편이지만, 사실 한국인과 가장 떼려야 뗄 수 없는 음식이 김치라는 점은 아이러니하고도 의미심장합니다.

어쩌면 한국인은 어떻게 하면 가장 건강하게 살 수 있을지에 대해 예전부터 잘 알고 있었던 것인지도 모릅니다. 이 책에서 설명한 김치유산균의 다양한 효능에는 현대인이 추구하는 가장 이상적인 건강법이 골고루 포함되어 있다고 할 수 있기 때문입니다.

김치유산균은 21세기를 사는 한국인이 원래 가지고 있었으나 잃어버린 것들이 무엇인지에 대해 알려줍니다. 약에 의존하는 것이 아니라 스스로 병을 이길 수 있는 몸을 회복하자는 것, 우리 체질에 맞지 않는 외국의 음식이나 제품에서 어렵게 찾을 것이 아니라 뼛속부터 우리 몸과 입맛에 익숙해져 있던 김치라는 음식에서 건강의 비결을 발견하자는 것을 바로 김치유산균이라는 눈에 보이지 않는 작은 미생물들이 일깨워주는 것인지도 모릅니다.

이 책을 통해 더 많은 사람들이 김치의 가치를 재발견하고 김치유산균에 대해 올바른 지식과 관심을 갖게 되기를 희망합니다.

참고문헌

●

〈김치가 세계 5대 건강식품에 선정된 이유〉 김치박물관 홈페이지 (www.kimchimuseum.com)

장내 세균 혁명 / 데이비드 펄머터 / 윤승일, 이문영 옮김

장이 살아야 내 몸이 산다 / 무라타 히로시 / 박재현 옮김

장뇌력 / 나가누마 타카노리 / 배영진 옮김

유산균 생산물질 / 데무라 히로시, 미즈타니 타케오 / 김미애 옮김

매력적인 장 여행 / 기울리아 엔더스 / 배명자 옮김

음식이 나다 / 오새은

서재걸 슈퍼유산균의 힘 / 서재걸

강력한 면역력! 락토바실러스 플랜타럼K-1 / 바이오리듬 생명공학연구소

장내 유익균을 살리면 면역력이 5배 높아진다 / 후지타 고야치로 / 노경아 옮김

암에 걸려도 살 수 있다

'난치성 질환에 치료혁명의 기적'을 이룬 조기용 박사는 지금껏 2만 여명의 암 환자들을 치료해 왔고, 이를 통해 많은 환자들이 암의 완치라는 기적 아닌 기적을 경험한 바 있으며, 통합요법을 통해 몸 구조와 생활습관을 동시에 바로잡는 장기적인 자연면역 재생요법으로 의학계에 새 바람을 몰고 있다.

조기용 지음 / 255쪽 / 값 15,000원

우리 가족의 건강을 지키는
최고의 방법 내 병은 내가 고친다!
질병은 치료할 수 있다

50년간 전국 방방곡곡에서 자료 수집 후 효과를 검증받아 쉽게 활용할 수 있는 가정 민간요법 백과서이며 KBS, MBC 민간요법 프로그램 진행 후 각종 언론을 통해 화제가 되기도 하였다.

구본홍 지음 | 240쪽 | 값 12,000원

공복과 절식

최근 식이요법과 비만에 대한 잘못된 지식이 다양한 위험을 불러오고 있다. 이 책은 최근 유행의 바람을 몰고 온 1일 1식과 1일 2식, 1일 5식을 상세히 살펴보는 동시에 식사요법을 하기 전에 반드시 알아야 할 위험성과 원칙들을 소개하고 있다.

양우원 지음 | 274쪽 | 값 14,000원

먹지 않고 힘들게 살을 빼는
혹독한 다이어트는 이제 그만!

다이어트 정석은 잊어라

살을 빼기 위해서 적게 먹는 혹독한 다이어트로 인
해 발생하는 문제점과 지금까지 다이어트가 실패
할 수밖에 없었던 원인을 밝힌다. 이 책은 해독 요
법만큼 원천적이고 훌륭한 다이어트는 없다는 점
을 강조하는 동시에, 균형 잡힌 식습관을 위해서는
일상 속에서 무엇을 알아야 하는지를 상세하게 설
명하고 있다.

이준숙 지음 | 152쪽 | 값 7,500원

톡톡 튀는 질병 한 방에 해결

인체를 망가뜨리는 환경호르몬, 형광물질로 얼룩
진 화장지, 방부제의 위협을 모르는 채 매일 먹고
있는 빵, 배불리 먹는 만큼 활성산소의 두려움에
떨어야만 하는 우리 몸의 그늘진 상처를 과감히
파헤치고 있다.

우한곤 지음 | 278쪽 | 값 14,000원

건강의 재발견 벗겨봐

지금까지 믿고 있던 건강 지식이 모두 거짓이라면
당신은 어떻게 하겠는가? 이 책은 건강을 위협하는
대중적인 의학적 맹신의 실체와 함께 잘못된 건강
정보에 대해 사실을 밝히고 있다.

김용범 지음 / 275쪽 / 값 13,500원